세포처럼
나이 들 수
있다면

세포처럼 나이 들 수 있다면

탄생, 노화, 다양성을
이해하는 발생생물학 수업

1판 1쇄 펴냄 | 2024년 12월 20일

지은이 | 김영웅
발행인 | 김병준·고세규
편 집 | 박소연·정혜지
디자인 | 이소연·백소연
마케팅 | 김유정·차현지·최은규
발행처 | 생각의힘

등록 | 2011. 10. 27. 제406-2011-000127호
주소 | 서울시 마포구 독막로6길 11, 2, 3층
전화 | 02-6925-4185(편집), 02-6925-4187(영업)
팩스 | 02-6925-4182
전자우편 | tpbook1@tpbook.co.kr
홈페이지 | www.tpbook.co.kr

ISBN 979-11-93166-79-6 03470

탄생, 노화, 다양성을
이해하는
발생생물학 수업

세포처럼 나이들 수 있다면

김영웅 지음

생각의힘

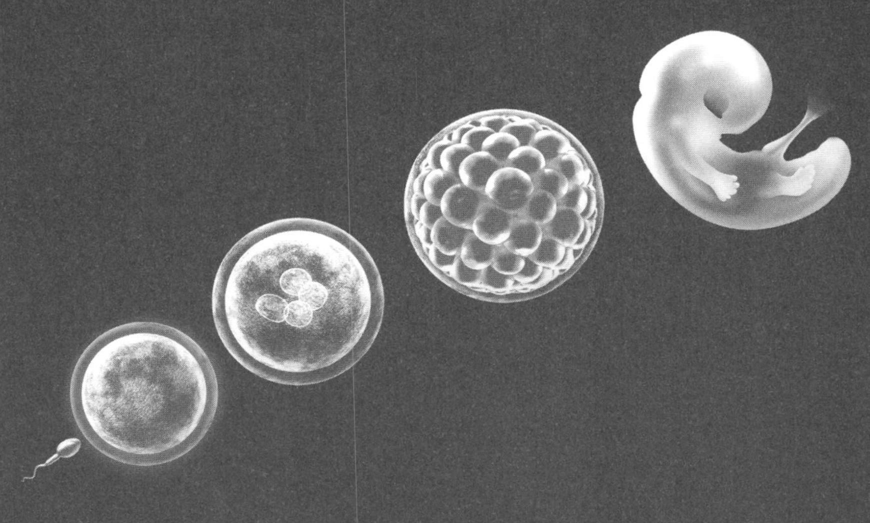

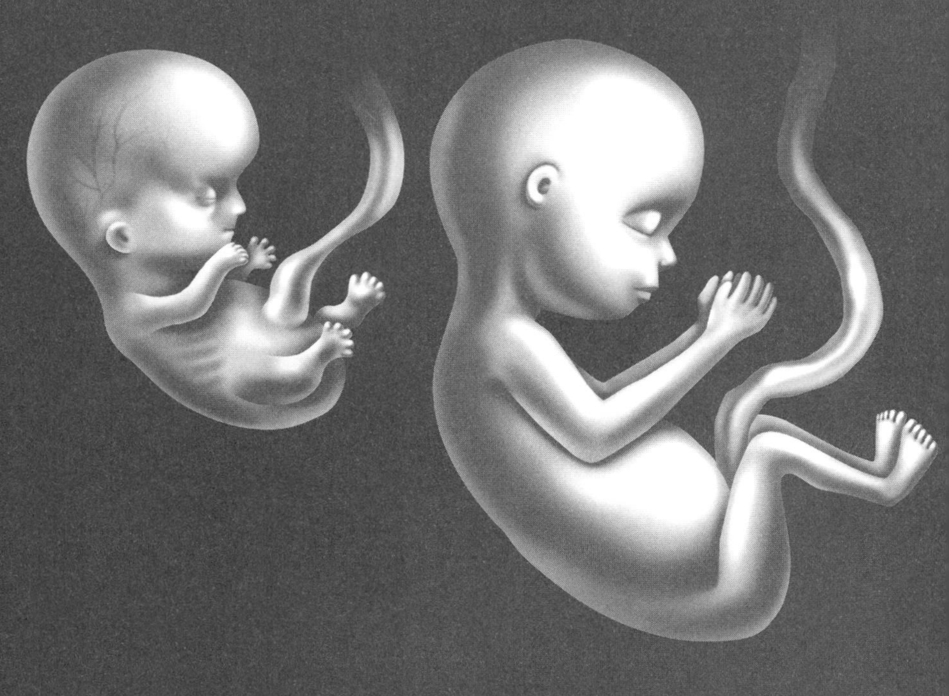

발생생물학은 수정란부터 배아, 태아 단계를 거쳐

출생 이후 노화와 죽음까지 전 과정을 연구한다.

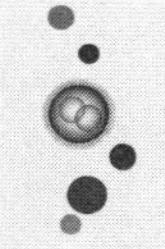

Curriculum | 왜 발생생물학을 알아야 할까

전통적인 관점에서 발생생물학Development biology이란 난자와 정자가 만나 수정란이 되고, 자궁벽에 착상한 뒤 수많은 세포분열과 분화 과정을 통해 배아와 태아 단계를 거쳐 출생하기까지의 과정을 연구하는 학문을 가리킵니다. 그러나 보다 넓은 관점에서 볼 때 혈액과 피부 등 일부 조직은 새로운 세포로 대체되기 때문에, 사람은 인생 전 과정에서 발생을 지속하고 있다고 할 수 있습니다. 그렇다면 왜 우리는 발생생물학을 알아야 할까요?

먼저 당연한 말이겠지만, 우리 모두는 엄마의 배 속에서 열 달 동안 있다가 태어난 존재들이고, 그 시작은 지극히 작은 하나의 세포, 즉 수정란이었다는 사실 때문입니다. 그렇습니다. 우리 모두는 단 하나의 세포에서 출발했습니다. 비록 우리 눈으로 직접 볼 수는 없지만 말이지요. 그러므로 발생생물학을 배운다는 건 우리의 기원, 즉 우리의 먼 과거, 기억하지도 못하는 엄마 배 속에서 보낸 열 달 동안의 역사를 알고 이해하는 일과 같습니다.

두 번째, 이것 역시 당연한 말이겠지만, 우리는 세상에 태어난 이후 혼자서는 아무것도 하지 못하는 갓난아기 시절을 보낸 존재들이고, 그때의 기억도 우리에겐 전혀 남아 있지 않기 때문입니다. 발생생물학은 태어나기 전 우리의 역사뿐 아니라 태어난 후 우리가 기억이라는 일을 할 수 있게 되기까지의 역사도 이야기해 줍니다.

세 번째, 사람이 기억이란 걸 할 수 있게 되는 가장 이른 시기는 세 살 안팎이라고 알려져 있지만, 그 이후 지금 이 글을 읽게 되기까지 우리 몸의 역사는 우리조차 잘 모르기 때문입니다. 우리 몸 안에서 일어나고 있는 일들, 이를테면 간, 심장, 신장이 무슨 일을 하는지, 무슨 일을 하도록 만들어졌는지, 어떻게 만들어졌는지는 오로지 발생생물학을 통해서만 알 수 있답니다. 요컨대 '요람에서 무덤까지'라는 표현보다 더 넓은 범위인 '수정란에서부터 죽음에 이르기까지' 우리 몸의 모든 역사를 알 수 있는 유일한 길이 바로 발생생물학이라는 학문입니다.

발생생물학적 지식은 우리 몸의 역사입니다. 이 책을 통해 기초적인 발생생물학을 배우게 되면 여러분은 건강한 몸에 대한 바른 이해와 지식을 겸비하게 될 것입니다. 노화에 대한 관심이 증가하는 이 시대에 '잘 나이 드는 지혜'를 발생생물학에서 얻을 수 있으실 것입니다.

차례

Curriculum

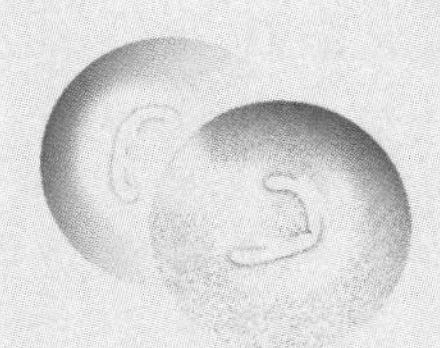

수업을 시작하며

Lesson I. | 생명 설계자, 세포의 성장과 노화

Lesson II. | 세포의 두 얼굴, 암부터 당뇨까지

Lesson III. | 우연과 확률의 아름다움, 다양성

수업을 마치며

수업을 시작하며 | 세포에서 삶의 지혜를 찾다

발생생물학은 태어나기 전 발생 과정을 포함하여 태어난 이후 성장 및 노화의 모든 과정을 탐구하는 학문입니다. 모든 인간의 인생을 담아내는 넉넉한 배움과 탐험의 장입니다. 학문적으로 봐도 발생생물학은 거의 모든 생물학을 아우릅니다.

과학과 의학의 발달 덕에 사람의 수명이 연장되었습니다. 생물학적인 노화의 시작은 20대 중반부터입니다. 인생에서 한창일 시기를 지나자마자 슬프게도 우린 나이 들기 시작하는 것입니다. 게다가 그 시기는 더는 우리 인생에서 중간 지점이 아닙니다. 그보다 훨씬 못 미치는, 인생의 3분의 1, 혹은 4분의 1 정도에 위치합니다. 유년과 청년의 삶이 아닌 노년의 삶이 더 늘어난 것입니다.

그러므로 '어떻게 나이 들 것인가'라는 질문은 이 시대를 살아가는 누구나 관심을 가지고 물어야 하는 질문이 되었습니다.

저는 잘 나이 드는 법을 세포로부터 배울 수 있다고 생각합니다. 나이 든다는 말은 곧 몸을 이루는 각 기관과 조직이 노화한다는 말과 같고, 각 기관과 조직이 노화한다는 건 그것들을 이루는 다양한 세포들이 노화한다는 말이기 때문입니다. 발생이 세포에서 시작하듯, 노화도 세포에서 시작하는 것이지요.

모든 발생과 노화는 세포의 유기적인 탄생과 죽음, 그리고 상태 변화로 설명할 수 있습니다. 세포 덩어리라고 할 수 있는 사람과는 달리 각 세포는 암세포가 아닌 한 이미 설계된 질서에 의해 정교하게 움직입니다. 서로 신호를 주고받으며 주어진 임무를 노화하여 소멸할 때까지 묵묵히 감당하지요. 줄기세포와 같이 덜 분화한 미성숙 세포들은 적절한 시기를 알아채어 성숙한 세포들을 과하지도 모자라지도 않게 만들어내고, 그렇게 만들어진 성숙한 세포들은 어떤 기관이나 조직의 온전한 기능을 담당하게 됩니다. 우리가 인지하지 못해도 우리 몸이 특별한 경우에 처하지 않는 조건에서는 항상성을 유지하며 정교하게 작동할 수 있는 근본적인 이유이지요.

어떤 세포들은 손가락이나 발가락과 같은 기관의 생성을 위해 기꺼이 죽기도 하고, 또 어떤 세포들은 다른 세포들에게 신호를 양보하여 기다린 후 나중에서야 동일한 신호를 이용하기도 합니다. 또한 한 세포가 노화하여 기능을 제대로 하지 못하면 다른 세포들이 그 자리를 채워 원래 기능을 대신하기도 한답니다. 암세포를 제외한 모든 세포는 세포 자신만을 생각하지 않고 기관과 조직, 그리고 개체 유지라는 하나의 큰 목적을 위해 일사불란하게 질서를 유지하며 생을 다하는 것입니다. 거시적인 우주가 잘 유지되는 것처럼 미시적인 우주라고 할 수 있는 우리 몸의 세포 세계 역시 이렇게 완벽하게 유지되고 있는 것입니다. 비록 세포를 바라보는 사람의 해석일 수 있겠지만, 세포는 사람보다 성숙한 모습을 보인다고 할 수 있는 것이지요. 책 제목을 '세포처럼 나이 들 수 있다면'이라고 지은 이유입니다.

'역사를 잊은 민족에게 미래는 없다'라는 말을 이 책에 적용할 수 있습니다. 태어나기 전 우리 몸의 역사를 알게 되면 우리 몸을 이루고 있는 각 조직 및 기관의 종류와 기능과 특징을 비로소 이해할 수 있습니다. 각 조직과 기관이 어떻게 생겨났는지, 어떤 세포로 구성되어 있는지, 어떤 기능을 담당하게 되는지를 이해하게 된다는 건 곧 우리 몸을 어떻게 관리해야 건강을 유지할 수 있는지에 대한 기초적인 지식을 갖추게 된다는 말과 같습니다. '건강'이 우리 몸이 지향해야 할 미래라고 한다면, '발생생물학적 지식'은 곧 우리 몸의 역사인 것이지요. 즉 기초적인 발생생물학을 배우게 되면 건강한 몸에 대한 바른 이해와 지식을 겸비하게 되는 것입니다. 특히 노화에 접어든 사람들의 경우 나이 들어가는 몸 안의 각 조직과 기관의 생리학적인 특징을 이해할 수 있기 때문에 노화에 대한 새로운 정의까지 발생생물학에서 얻으실 수 있을 것입니다.

모든 기관이 노화하지만 이 책에서는 먼저 우리가 일상 속에서 쉽게 노화의 징후를 느낄 수 있는 대표적인 기관들, 이를테면 머리카락, 피부, 눈, 뼈, 근육의 발생부터 노화까지 살펴보겠습니다. 그리고 정상적인 노화 과정에서 빗겨나가는 여러 암(위암, 대장암, 혈액암)과 질환들(알츠하이머병, 당뇨병, 고혈압, 심장병)도 둘러볼 예정입니다. 피할 수 없다면 즐기라는 말처럼, 발생생물학 관점에서 세포로부터 지혜를 배워 불가항력적인 노화를 더는 피하지 말고 두 팔 벌려 끌어안으며 '잘 나이 드는 법'에 대해 한 번쯤 깊이 생각해 볼 수 있는 기회가 되길 바랍니다. 마지막으로는 주위에서 어렵지 않게 볼 수 있는 여러 선천성 기형의 예를 함께 살피며 발생생물학의 정수를 조금이라도 맛볼 수 있는 시간을 준비했습니다. 소수자를 대하는 자세와 생명의 꽃인 다양성을 향한 시각을 점검해 볼 수 있으면 좋겠습니다.

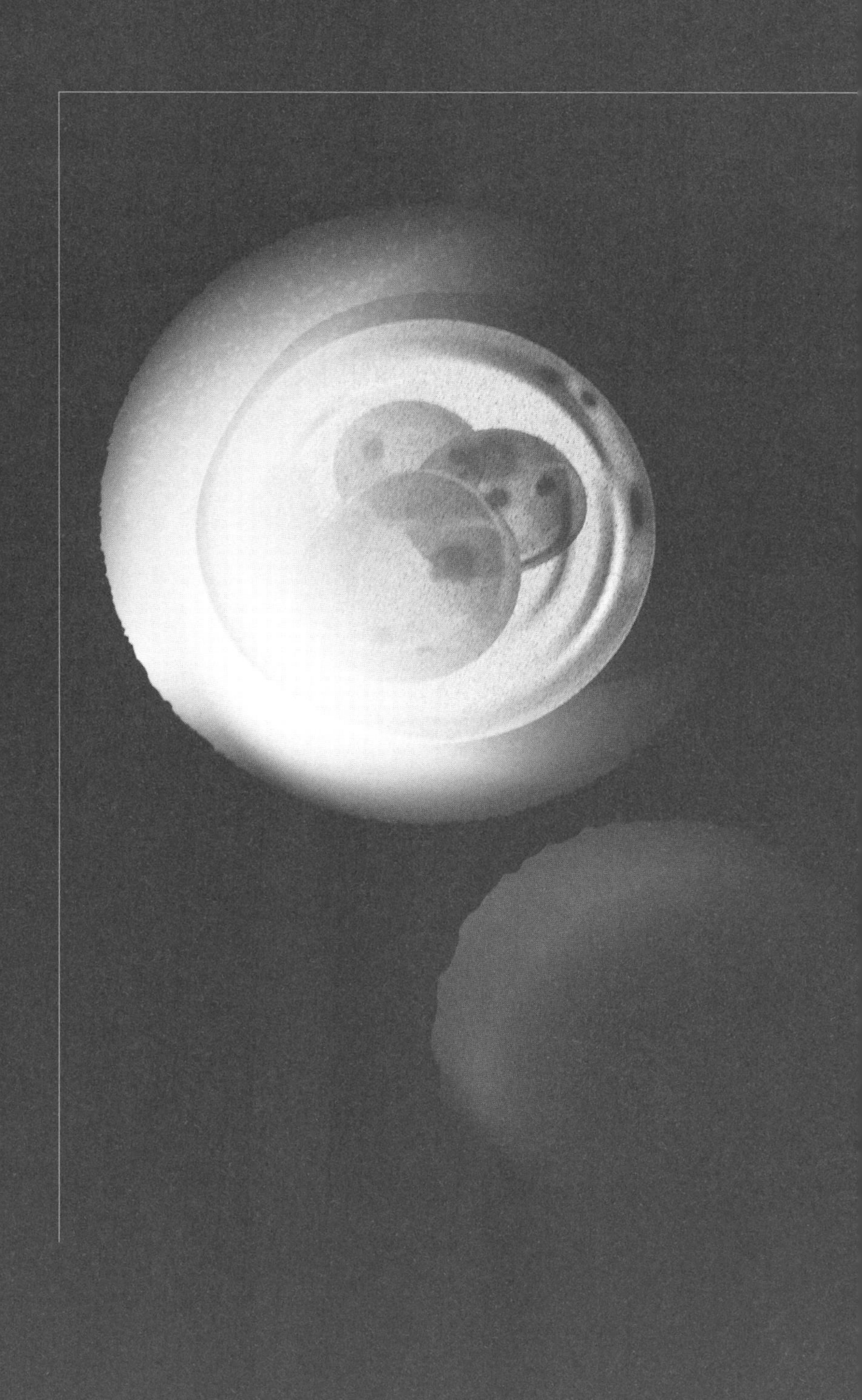

Lesson Ⅰ.

생명 설계자, 세포의 성장과 노화

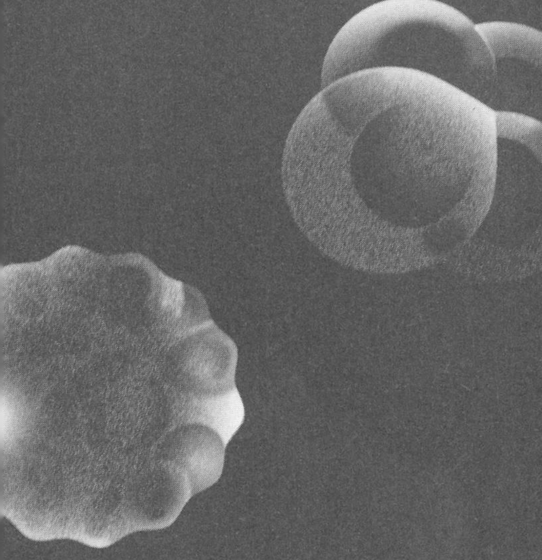

당신의 인생에서 진정 최고로 중요한 시기는
출생도 결혼도 죽음도 아닌 낭배형성이다.

- 루이스 월퍼트*Lewis Wolpert*

Note

저속 노화 열풍, 새로운 질문을 던져야 한다

대답하기 난처한 질문을 하나 해 볼까 합니다. 여러분은 나이 들고 싶지 않으시지요? 솔직히 저도 그렇습니다. 그러나 이 대답에는 절반의 진정성밖에 없습니다. 한낱 인간의 부질없는 욕망이라고 해도 무방합니다. 저는 생물학자이기 이전에, 이런 바람이 결코 이루어질 수 없다는 사실을 충분히 알 만큼 어른이기 때문입니다. 모든 인간은, 아니 모든 생명은 탄생하고, 또 소멸합니다.

지금 살아 있는 모든 생명체는 죽음을 향해 달려가고 있습니다. 넓은 의미의 발생학적인 관점에서 보자면, '살아 있다'는 말은 곧 '죽어가고 있다'는 말로 재정의할 수 있습니다. 어제보다는 오늘이, 오늘보다는 내일이 죽음에 가깝습니다. 각자에게 주어진 수명이 다를 뿐 탄생에서 죽음으로 이어지는 길은 오로지 내리막길입니다. 단 한 사람도, 아니 단 한 생명체도 이 내리막길에서 벗어난 적이 없습니다. 마치 중력을 거스를 수 없는 것처럼 죽음을 이겨낸 생명체는 지구상에 존재한 적이 없습니다. 죽음은 한 번도 인간에게 패한 적이 없습니다. 승률 100퍼센트. 죽음의 궁극적 승리입니다.

그렇다면 탄생 이후 죽음에 이르기까지의 모든 과정을 '노화'라고 할 수 있을까요? 아닙니다. 이쯤에서 노화에 대한 정의를 짚어보면 좋겠습니다. 표준국어대사전에 따른 노화의 정의는 다음과 같습니다.

질병이나 사고에 의한 것이 아니라 시간이 흐름에 따라
생체 구조와 기능이 쇠퇴하는 현상.

노화란 한마디로 '나이 드는 현상'을 의미합니다. 모든 생물은 죽음을 맞이하지만, 탄생과 죽음 사이를 다 노화라고 하지는 않습니다. 정의에 나와 있듯이, 탄생하자마자 생체 구조와 기능이 쇠퇴하지는 않으니까요. 쇠퇴가 일어나려면 먼저 생체 구조가 갖춰지고 그에 따른 기능이 완전해지는 시기가 선행되어야 합니다. 사람의 경우만 봐도 엄마 배 속에서 수정란이 점점 사람의 모습으로 되기까지, 태어나 성인이 되기까지의 모든 과정을 노화라고 부르지 않지요.

노화란 총체적인 현상입니다. 사람이 노화한다는 말은 사람을 구성하고 있는 기관이나 조직이 노화한다는 말과 같습니다. 그리고 기관이나 조직이 노화한다는 말은 그 기관이나 조직을 이루고 있는 세포들이 노화한다는 말과 같습니다. 생물의 기본 단위는 세포이기 때문이지요. 세포의 노화는 빠르게는 20대 후반부터 시작된다고 합니다. 성장이 멈추는 20대 초반을 벗어난 지 얼마 지나지 않아 사람은 노화 과정에 접어들게 되는 것입니다. 물론 20대 후반은 아직 한창일 때라 이 시기에 속한 사람들은 자신이 나이 든다는 사실을 인지하기 어렵습니다.

그러나 서른이 넘어가면 과거와 달리 몸이 조금씩 뭔가 다르다는 걸 느끼는 사람이 늘어나게 되고, 마흔을 넘기면 거의 모든 사람이 노화를 자각하고 실생활에서 확인하게 됩니다. 2022년 조사된 바에 따르면 한국인의 평균 수명은 82.7세라고 합니다.[1] 생물학적인 관점에서 사람의 인생을 보면 성장 과정보다는 노화 과정에 속하는 기간이 두 배가량 많다는 사실을 알 수 있습니다.

영원히 청춘일 수는 없다는 진리를 말하기 위해 이렇게 둘러 왔습니다. 그렇습니다. 인간은, 아니 생명은 계속 젊을 수 없습니다. 그리고 결국엔 죽음에 이르게 됩니다. 물론 탄생 이후에 기초적인 발생 과정과 성장, 성숙 과정을 거치고 난 다음에 노화 과정을 겪게 되지만 말이지요.

이제 질문을 바꿔야 합니다. 어떻게 하면 젊어질지 생각할 게 아니라 어떻게 하면 잘 나이 들지 생각해야 합니다. 나이 들 수 밖에 없는 생명체의 숙명을 겸허히 받아들이고, '어떻게 하면 나이 들지 않을까'라는 답 없는 질문에서 벗어나 현실적이고 건설적인 질문을 던질 차례가 왔습니다. 출생률이 점점 줄어들고, 평균 수명이 점점 늘어나면서 자연스럽게 고령 인구가 차지하는 비율이 높아져 가는 이 시대에 정말 중요한 질문이지 않을 수 없습니다. 어떻게 하면 잘 나이 들 수 있을까요?

대중매체를 통해 '안티에이징' '저속노화' '역노화' 등의 단어를 심심찮게 접할 수 있습니다. 멍하니 그런 광고나 동영상을 보고 있으면 마치 우리 안에도 내재된, 불로장생을 꿈꾸었던 진시황의 불가능한 욕망을 조금이라도 실현할 수 있을 것만 같은 기분마저 들게 됩니다. 그러나 여기에서는 그런 거품을 빼고 발생생물학적인 관점에서 노화를 살펴보겠습니다. 단순히 욕망을 부채질하는 방식은 여러분의 지갑을 여는 힘은 있을지 몰라도, 노화에 대한 바른 이해와 궁극의 질문인 '어떻게 해야 잘 나이 들 수 있을까'에 대한 답에 이르는 데엔 모자랄 것이기 때문입니다.

앞서 노화는 결국 세포 단위에서 시작된다고 말씀드렸습니다. 무턱대고 이렇게 혹은 저렇게 하면 젊어질 수 있다는 마법 같은 자극적인 문구들을 잠시 내려놓고 저와 함께 세포, 조직, 기관, 개체 순으로, 발생학적인 관점에서 노화 과정은 물론 그것들의 발생 과정까지 함께 찬찬히 살펴보면서 우리 몸에 대해 바르게 이해해 보도록 하겠습니다. 특별히 우리가 노화를 가장 쉽게 인지할 수 있는 기관과 조직인 머리카락, 피부, 눈, 뼈, 근육을 대표적으로 살펴보겠습니다. 〈Lesson I〉을 읽고 나서 부디 '어떻게 하면 잘 나이 들 수 있을까'에 대한 답을 각자가 지혜롭게 내릴 수 있기를 바랍니다.

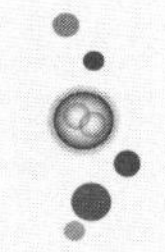

머리카락

야속한 흰머리, 왜 나는 걸까

우울한 하루의 시작

마흔이 넘으면서 부쩍 눈에 띄는 게 있습니다. 특히 아침에 일어나 화장실에 가서 거울 앞에 마주섰을 때 헝클어진 머리 가운데 휑한 구석이 도드라져 보이면 정말 자신감이 떨어지는 듯한 기분에 휩싸이기도 합니다. 수년이 지나 지금은 어느 정도 익숙해졌습니다만 여전히 거울을 볼 때마다 신경이 쓰인답니다. 어쩌다 이렇게 됐을까 싶은 마음도 들고요. 쉰이 얼마 남지 않았다는 엄연한 사실을 저는 받아들이기가 아직 어려운 것 같습니다.

11년간 미국에서 살다가 한국에 들어와 동기들을 만났습니다. 놀라운 사실 한 가지를 발견했습니다. 아주 살짝 위로받는 것 같은 묘한 기분을 느끼기도 했습니다. 저보다 훨씬 더 머리숱이 없는 녀석들이 많았습니다. 빈 곳을 가릴 수도 없을 정도로 말이지요. 저는 오히려 준수한 편이더군요. 얼굴은 그대로인 것 같은데 머리만 노인인 친구도 있었습니다. 우린 서로 한숨을 쉬며 어느덧 빠르게 먹어버린 나이에 대해 한동안 이야기를 나눴습니다. 매일 아침 습관처럼 복용하는 약이 탈모약 말고도 두세 개 이상 된다는 서로의 말을 들으면서 세월의 무상함도 느꼈습니다.

노화는 인간이라면 피할 수 없는 과정입니다. 넓게 보면 엄마 배 속에서 아기가 만들어지는 과정은 물론 태어나 성장하고 성숙해지는 과정, 그리고 노화에 이은 죽음까지도 모두 발생생물학의 영역 안에 놓인다고 볼 수 있습니다. 마지막 숨을 쉴 때까지 우리 몸은 멈추지 않고 피를 만들고, 머리카락을 자라게 하고, 피부나 장내 상피세포들은 계속해서 새로운 세포로 대체됩니다. 노화 과정에도 불구하고 우리 몸은 지속해서 무언가를 만들어내는 과정을 동반하고 있는 것이지요.

머리카락도 나이가 든다

40대 남성들에게서 흔하게 발견되기 시작하는 탈모(탈모증)는 노화 증상의 빠질 수 없는 항목입니다. 비단 남성뿐 아니라, 여성을 포함한 모든 사람에게 정도를 달리하여 나타나는, 피할 수 없는,

대표적인 노화 현상이기도 합니다. 이번 장에서는 탈모 증상을 살펴보면서 머리카락의 형성과 주기 등을 짚어보겠습니다. 피부와 마찬가지로 머리카락도 노화를 겪습니다. 백발과 탈모는 삶의 질에 큰 영향을 미치는 두 가지 전형적인 노화 징후로 알려져 있습니다. 백발의 경우 머리를 염색해서 상대적으로 쉽게 가릴 수가 있지만, 탈모는 그렇지 않으므로 양상에 따라 정도만 다를 뿐 당사자는 스트레스와 우울증을 겪게 됩니다. 탈모 때문에 자존감이 떨어지고 자신감도 줄어들게 되어 심할 경우 삶에 대한 자세까지 변할 수 있다고 합니다.

탈모를 막는 호르몬

탈모는 두피에만 영향을 미칠 수도, 전신에 영향을 미칠 수도 있습니다. 그리고 일시적일 수도, 영구적일 수도 있습니다. 원인으로는 유전, 호르몬 변화, 의학적 상태 또는 정상적인 노화를 꼽을 수 있습니다. 탈모는 누구에게나 일어날 수 있습니다. 하지만 여성보다는 남성에게 더 흔합니다. 남성호르몬인 안드로겐Angrogen이 탈모의 주된 요인 중 하나로 알려져 있습니다.

'대머리'는 일반적으로 두피에서 과도하게 진행된 탈모를 말합니다. 나이가 들면서 유전되는 탈모가 대머리의 가장 흔한 원인입니다. 탈모를 방치하는 사람들도 있지만, 그렇게 방치하는 사람도 스트레스를 받기는 마찬가지일 것입니다. 탈모를 가리기 위해 여러 가지 방법을 동원합니다. 탈모가 경미할 경우 헤어스타일을 바꾼다거나, 모자를 쓴다거나 스카프 등으로 가릴 수 있습니다. 그러나 현저하게 탈모가 진행된 경우에는 탈모 예방을 위해 약을 복용하거나 두피에 바르기도 합니다. 이미 식약처에서 승인된 탈모 치료제가 시중에 나와 있습니다. 저 역시 그중 하나를 복용하고 있으며 효과를 보고 있답니다. 재미있게도 제가 복용하고 있는 탈모약은 애초에 탈모 치료제로 개발된 게 아니었다고 합니다. 원래는 전립선비대증 치료제로 개발되었는데 뜻하지 않게 탈모에도 효과를 보게 된 것이지요.

전립선비대증과 탈모 모두에 공통적으로 기여하는 것이 바로 대표적인 안드로겐인 테스토스테론Testosterone입니다. 테스토스테론의 대사 과정에 작용하는 효소의 기능을 억제하여 호르몬에 덜 민감하게 하는 것이 바로 이 약의 기전Mechanism이랍니다. 전립선비대증 환자가 복용하는 약의 4분의 1 정도의 양만 복용하면 탈모 치료 효과를 볼 수 있습니다. 남성은 40대 이후 전립선이 비대해지는 증상을 겪게 되는데, 이러한 증상도 미리 예방하는 동시에 탈모까지 방지할 수 있어서 저는 여러 부작용에 대한 정보 때문에 망설이던 것을 멈추고 과감히 결단을 내린 뒤 복용하기 시작했답니다. 지금은 후회는커녕 좀 더 일찍 먹지 않았던 저의 우유부단함을 탓하고 있을 지경입니다.

탈모의 네 가지 유형

세부적으로 따지면 더 많이 나눌 수 있겠지만, 흔한 탈모의 유형은 총 네 가지로 분류할 수 있습니다. 첫 번째, 안드로겐성 탈모입니다. 가장 흔하고 노화와 가장 밀접한 탈모 유형입니다. 엄밀하게 말하자면 모든 연령대의 여성과 남성에게 생길 수 있지만, 일반적으로 여성보단 남성에게, 젊은 사람보단 나이 든 사람에게 더 빈번하게 발생합니다. 40대를 넘어서면서 탈모 비율이 현저하게 올라갑니다. 이 유형을 주도하는 원인은 남성호르몬, 즉 안드로겐입니다. 아시다시피 남성호르몬이 남성에게만 분비되지는 않습니다. 적은 양이지만 여성에게도 존재합니다. 안타깝게도 안드로겐이 탈모를 유발하는 정확한 기전은 여전히 밝혀지지 않았답니다. 남성의 경우 일반적으로 이마 모발선의 양측 측두부 후퇴로 시작하여 때때로 정수리까지 확산된 후 모발 두께가 솜털처럼 가늘어지다가 궁극적으로 대머리 패치Patch가 생성됩니다. 이를 '남성형 탈모'라고 부르기도 합니다. 반면 여성의 경우 일반적으로 이마 모발선이 보존되지만, 정수리 부근에서 탈모가 발생합니다. 이를 '여성형 탈모'라고 부르기도 합니다.

두 번째, 원형 탈모입니다. 크기를 달리하며 주로 원형의 패치 형태를 나타내며 두피뿐 아니라 전신에서 일어날 수 있는 탈모입니다. 이 유형은 안드로겐성 탈모와 달리 자가면역질환으로 알려져 있습니다. 노화와 직접적인 관계가 없다고 볼 수 있습니다. 자가면역이란 우리 몸의 일부를 외부에서 우리 몸으로 침입한 적으로 인식하여 공격하는 현상을 뜻합니다. 우리 몸을 보호해야 할 면역세포들이 모낭Hair follicle을 공격하여 염증을 일으킨다고 알려져 있습니다. 그 결과 머리카락이 손상되거나 빠지게 되는 것이지요. 원인은 마찬가지로 유전적인 경우가 있고 환경적인 경우가 있습니다. 유전적인 경우 어린이에게서도 원형 탈모를 관찰할 가능성이 큽니다. 환경적인 경우 극심한 스트레스 때문에 생길 수도 있습니다. 그리고 원형 탈모는 자연 회복되는 경우가 많다고 알려져 있답니다.

세 번째, 휴지기Telogen 탈모입니다. 이 유형의 탈모는 성장기의 머리카락이 몸의 이상 때문에 휴지기로 전환하여 갑자기 빠지는 경우입니다. 몸의 이상이란 신체적 또는 정서적으로 받은 스트레스를 의미하며 구체적인 예로는 고열, 수술, 교통사고, 출혈, 그리고 다이어트 등이 있지만 원인을 모를 때도 많다고 합니다. 또 갑작스러운 호르몬 변화 때문에 발생할 수도 있습니다.

네 번째, 성장기 탈모입니다. 휴지기와 달리 성장기 모낭은 활발한 세포분열이 일어나는 상태입니다. 그러므로 이 시기의 탈모는 세포분열이 억제되거나 세포의 상태에 해가 되는 상황일 때 발생합니다. 흔한 예로, 암 환자에게 적용되는 항암제나 방사선 등과 같은 일시적인 의학 처방이 원인이 됩니다. 이 유형의 탈모는 일시적이기 때문에 원인이 되는 자극이 사라진다면 자연스럽게 회복됩니다.

머리카락의 생애 주기

혹시 자신의 머리카락 개수를 알고 계신 분이 있을까요? 이 질문에 그냥 웃고 마는 이유는 아무도 모르기 때문일 것입니다. 그래서 답은 셀 수 없이 많다고 할 수 있겠지만, 사실은 셀 수 있지요. 사람마다 개수가 다르겠지만 탈모가 아직 일어나지 않은 사람의 경우, 평균 약 10만 개의 머리카락을 가진다고 알려져 있고 숱이 많은 경우 15만 개 정도의 머리카락을 가질 수도 있다고 합니다. 머리카락 굵기 또한 평균적으로 알려져 있는데, 건강한 사람의 경우 약 100마이크로미터라고 합니다.

탈모 증상을 겪지 않는 사람들에게도 매일 약 70개 안팎의 머리카락이 자연스럽게 빠진다고 합니다. 그런데 만약 100개 이상 머리카락이 매일 지속해서 빠진다면 탈모 증상을 겪고 있다고 판단하고 피부과에 상담을 받아보는 게 좋을 것입니다. 머리카락은 하루에 평균 0.25밀리미터씩 자라는데, 대략 한 달에 1센티미터 정도 자라는 것으로 알고 계시면 되겠습니다. 물론 사람마다 속도가 다르고 상황에 따라서도 달라집니다.

그럼 머리카락은 쉬지 않고 계속 자라는 걸까요? 질문이 좀 이상하게 들릴지 모르겠습니다. 탈모를 겪고 대머리가 되지 않는 한 머리카락이 항상 존재하므로 당연히 머리카락은 쉬지 않고 계속 자란다고 생각하기 때문일 것입니다. 그러나 사실은 그렇지 않습니다. 머리카락은 계속해서 자라지 않고 주기를 거치며 자랍니다.

다시 말해 머리카락이 자라는 시기가 있는가 하면, 그 성장이 서서히 멈추는 시기가 오고, 이어서 성장이 완전히 멈추고 그 자리에서 가만히 있다가 결국 머리카락이 빠지는 시기가 따라오게 됩니다. 이를 각각 성장기Anagen, 퇴행기Catagen, 휴지기라고 부릅니다. 휴지기가 끝나면 다시 성장기로 진입하게 되는데, 이 시기를 재성장기라고 부르기도 합니다. 일평생 모낭은 이러한 주기를 반복하게 되는 것이지요.

우리 몸에 존재하는 털의 길이는 모낭이 성장기에서 보내는 시간에 따라 결정됩니다. 머리카락의 경우는 성장기에서 평균 3년에서 6년 정도를 보내는 반면, 팔에 나는 솜털의 경우는 6주에서 12주 정도만 자라게 됩니다. 우리 몸에는 두피 말고도 여러 부위에 털이 나는데 저마다 성장 주기를 달리하는 것입니다. 그중에서도 머리카락이 성장기에서 보내는 기간이 가장 길다고 알려져 있습니다. 재미있게도 눈썹의 경우가 성장기에서 보내는 기간이 가장 짧다고 하는데, 길어야 2개월이라고 하네요. 그리고 10만 개 안팎의 머리카락 중 약 85퍼센트가 성장기에 속해 있다고 합니다. 머리카락 대부분이 한 달에 약 1센티미터씩 자라고 있는 것이지요.

반면, 나머지 15퍼센트의 머리카락은 퇴행기 혹은 휴지기에 속해 있답니다. 이들은 곧 다시 성장기로 진입하기 위해 준비하고 있는 것이지요. 퇴행기는 약 2주에서 3주가량 소요되고, 휴지기는 약 3개월에서 4개월 지속된다고 합니다. 이는 머리카락이 빠지는 이유를 설명해 줍니다. 휴지기에 들어서면 자연스럽게 머리카락이 빠지게 되니까요. 이러한 현상은 정상적인 머리카락의 성장 주기에 해당하는 것이지 결코 탈모증을 반영하진 않습니다. 그러나 앞서 말씀드렸듯 하루에 100개 이상 지속해서 머리카락이 빠진다면 탈모증을 의심해 볼 수 있습니다.

머리카락의 발생

머리카락을 포함하여 모든 털은 모낭에서 만들어지고 자라납니다. 머리카락의 성장 주기는 곧 모낭의 주기를 반영합니다. 머리카락이 평생 이러한 주기를 반복하며 자랄 수 있는 근원적인 이유는 모낭 안에 존재하는 상피줄기세포Epithelial stem cell 때문입니다.

상피줄기세포는 적어도 두 가지 유형으로 존재합니다. 하나는 머리카락과 머리카락이 만들어지는 모낭을 만드는 모낭줄기세포Hair follicle stem cell, 다른 하나는 피부색과 머리카락 색을 관장하는 멜라닌줄기세포Melanocyte stem cell입니다.

모낭줄기세포에는 두 집단이 있는 것으로 알려져 있습니다. 돌출부Bulge region라고 알려진 모낭 일부분의 내부, 그리고 그 돌출부 바로 아래에 두 집단이 각각 있다고 합니다.

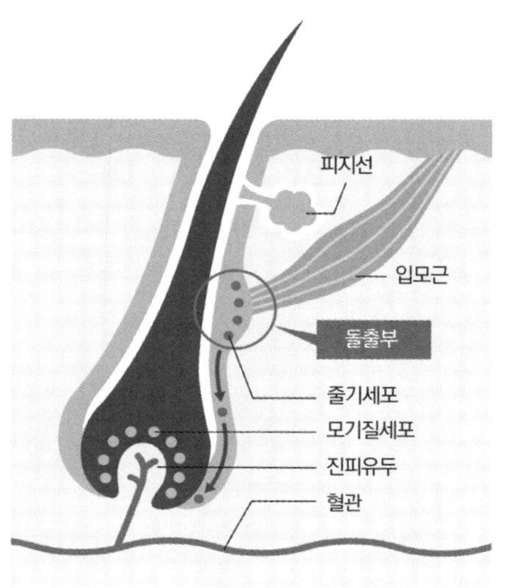

모낭줄기세포의 구조

돌출부 내부에 있는 줄기세포는 세포 주기Cell cycle에서 벗어나 휴지기에 머물고 있어 세포분열에 관여하지 않으며, 돌출부 바로 아래에 있는 줄기세포는 세포 주기 안에 있어 활발한 세포분열에 관여합니다. 그러므로 돌출부 아래에 있는 줄기세포는 돌출부 내부에 있는 줄기세포에서 비롯된 것이라는 사실을 알 수 있습니다. 위치와 세포분열 관여 여부만 다를 뿐 궁극적으로는 같은 모낭줄기세포인 것입니다.

모낭줄기세포는 모낭의 가장 아래에 있는 돌기 모양의 진피유두Dermal papilla에서 나오는 신호 때문에 성장기 초반에 활성화됩니다. 이 활성은 골형성Osteogenesis에 관여하는 BMP 신호를 저해하는 요소뿐 아니라, 조직 형성에 관여하는 FGF 신호와 WNT 신호가 매개하며 돌출부 내부 휴지기에 있는 모낭줄기세포를 잠에서 깨워 돌출부 밖으로 이동하게 합니다. 그렇게 돌출부 밖으로 나온 모낭줄기세포는 돌출부 아래쪽으로 이동하며 세포분열을 거듭하게 되는 것이지요. 이런 일들이 벌어지면 진피유두는 점점 더 아래쪽으로 이동하게 되어 모낭줄기세포가 있는 돌출부에서 점점 거리가 멀어지게 됩니다.

그렇게 되면 자연스럽게 돌출부 내부에 있는 모낭줄기세포는 진피유두에서 오는 신호를 받지 못해서, 활성화 과정을 거칠 수 없게 됩니다. 이런 방식으로 세포분열이 점점 멈춰버리고 모낭의 주기는 성장기에서 퇴행기로, 퇴행기에서 휴지기로 넘어가게 되는 것입니다. 즉, 진피유두와 돌출부와의 거리가 가까워졌다 멀어졌다 하면서 모낭의 주기가 성장기, 퇴행기, 휴지기를 반복하게 되고 그 결과 머리카락이 길어졌다 빠졌다 하는 현상이 일어나는 것입니다.

젊음의 상징

2009년 1월 아주 추웠던 어느 날 서른 시간의 진통 끝에 제 아내는 자연분만으로 아들을 낳았습니다. 그런데 '놀랍게도' 아들 머리에 머리카락이 많은 것이었습니다. 분명 발생생물학 시간에 배웠던 사실임에도 불구하고, 저는 머리카락이 아기가 태어난 이후에나 자라나기 시작하는 줄로 알고 있었던 모양입니다. 배운 지식과 현실의 간극을 잠시 엿볼 수 있는 순간이었습니다. 우리 인간은 배운 대로 혹은 생각한 대로 살지 않고 살아온 대로 혹은 습관대로 살아가는 경우가 많습니다. 언제나 이성은 습관을 쫓다가 문제가 생기면 그제야 비로소 작동하기 시작합니다. 아들의 머리카락을 보고 깜짝 놀랐다가도 금세 '아, 그렇지' 하면서 그 사실을 당연하게 여겼으니까요.

머리카락은 젊음의 상징이 아닌가 싶습니다. 아시아 지역에 사는 많은 사람은 검은 머리카락을 가지고 있습니다. 머리카락 색과 피부색은 함께 움직인답니다. 멜라닌세포Melanocyte 안에 존재하는 멜라노좀의 수가 많은 사람은 그 수가 적은 사람에 비해 짙은 색을 띠게 되는 것이지요. 물론 머리카락 색으로 머리카락의 건강을 가늠할 수는 없습니다. 검은 머리카락이 아니라 갈색, 금색, 적색 머리카락을 가진 사람들이 덜 건강한 머리카락을 소유하고 있는 게 아니라는 말입니다.

그러나 머리카락의 두께와 개수는 젊음의 상징입니다. 노화와 함께 머리카락은 가늘어지면서 솜털처럼 힘을 잃고, 개수도 점점 줄어들게 되어 탈모 증상을 나타내기 때문입니다. 안타깝게도 제가 현재 경험하고 있는 증상이기도 하지요. 물론 과학과 의학의 발달에 따라 탈모 치료제가 개발되어 그 덕을 보고 있기는 하지만 말입니다.

그러나 현재까지 탈모를 영원히 예방하거나 완벽히 치료하는 약은 개발되지 않았습니다. 여전히 노화에 의한 탈모 메커니즘을 완전히 알아내지 못한 것입니다. 과연 시간이 더 흐르고 연구가 더 진행되면 우리 인간은 탈모에서 해방될 수 있을까요? 여러분은 어떻게 생각하시나요?

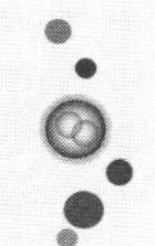

피부

어제보다 오늘이 더 젊은 이유

동양인은 왜 서양인보다 어려 보일까

제 피부는 건성에 가깝습니다. 아토피 피부염도 살짝 있는 것 같습니다. 어릴 적엔 손톱으로 피부를 긁으면 벌겋게 살이 오르곤 했었는데, 언제인지 정확히 기억나진 않지만, 신기하게도 20대에 들어서면서 어느 순간 그런 현상이 사라졌습니다. 체질이 바뀌었는지, 제가 알지 못하는 어떤 일이 제 몸 안에서 벌어진 건지는 잘 모르겠지만, 종종 창피하기도 하고 감추고 싶었던 현상이 사라지니 제 마음이 후련했던 기억이 납니다.

저는 사춘기 때 사람들이 흔히 경험하는 여드름도 그리 심하게 나지 않았는데, 제 친구 중엔 얼굴만이 아니라 목, 등, 가슴까지 여드름이 가득해서 말 못할 고민에 빠진 적도 있었습니다. 한창 외모에 관심이 가고, 이성에 눈을 뜰 청소년 시기에 얼굴에 난 여드름은 자신감을 위축시키는 주범입니다.

아마도 이런저런 피부 트러블 때문에 스트레스를 받는 분들이 이 글을 읽는 여러분 중에도 많으리라 생각합니다. 그러나 누구도 피할 수 없는 피부 트러블이 있습니다. 바로 비가역적인 피부 노화가 그것입니다. 누구나 나이가 들면서 피부의 탄력을 잃게 됩니다. 우리가 할머니나 할아버지를 떠올릴 때 쉽게 그려지는 모습 중 하나도 쭈글쭈글한 손과 얼굴이지 않을까 합니다. 그들도 분명 과거엔 엄마 배 속에서 탱탱한 피부를 가진 아기로 태어났을 텐데 말이지요. 세월을 눈으로 확연하게 볼 수 있는 우리 몸의 조직이 피부이지 않을까요?

미국에서 11년간 생활한 적이 있습니다. 미국에서 만난 백인들이 저와 제 아내를 향해 늘 일관되게 해주는 말이 있었습니다. 나이에 비해 정말 어려 보인다는 것이었습니다. 미국인들은 보통 한국인들처럼 나이를 면전에서 직접 묻지 않지만, 제 아들이 버젓이 옆에 있는 상황에선 대충 우리 나이를 짐작할 수 있었던 것이지요. 처음엔 단순히 사교용 칭찬 정도로 들었습니다. 그런데 자녀의 나이나 직장 경력 등으로 미루어보아 나이가 우리와 비슷한 게 확실한데도 그들은 우리보다 훨씬 더 나이 들어 보이는 것이었습니다.

미국인들이 우리 같은 한국인(동양인으로 확장해도 무리가 없어 보입니니다)들을 볼 때 나이를 짐작하지 못하는 것처럼, 우리도 미국 성인들의 나이를 짐작하기가 무척이나 어려웠습니다. 예의에 어긋나기 때문에 직접 나이를 물어볼 수도 없었지만, 이력서Curriculum vitae나 공식 웹사이트에 나온 신상 정보Profile 등을 통해 그 사람의 나이를 알고는 깜짝 놀라는 일도 수차례 있었습니다. 그들이 우릴 볼 땐 생각보다 너무 나이가 많아서 놀랐던 것이고, 우리가 그들을 볼 땐 보기보다 나이가 적어서 놀랐던 것입니다. 왜 이런 차이가 나타나는 것일까요? 왜 서로의 나이를 짐작하기 어려운 걸까요? 단지 외국인이기 때문일까요? 문화 차이가 나기 때문일까요? 아니면 유전 때문일까요? 상대방의 나이를 짐작하는 근거가 여러 가지 있겠지만, 피부, 특히 얼굴 상태는 그중 가장 유력한 잣대가 될 것입니다. 이 장에서는 피부 노화와 피부 발생에 대해 훑어보는 시간을 마련해 보겠습니다.

피부가 가속 노화하는 이유

앞서 언급했듯이 누구나 나이가 들면 피부의 탄력을 잃는 등 노화 현상을 겪게 됩니다. 하지만 피부 노화는 정상적인 노화만이 아니라 잘못된 생활 습관으로도 비롯될 수 있습니다. 어떤 질병이나 증후군에 해당하는 경우가 아닌데도 또래에 비해 피부가 나이 들어 보이는 건 평상시 생활 습관 때문일 가능성이 큽니다. 고칠 수 있을 때 실행에 옮기는 것이 피부 노화의 지름길에서 벗어나는 방법이라 생각합니다. 거울을 볼 때마다 위축된다면 자신감을 잃을 수도 있고 스트레스를 받아 삶의 질이 떨어지게 된답니다.

참고로, 얼굴에서 나타나는 피부 노화의 경우 80퍼센트가 자외선 때문이라고 합니다. 자외선으로 인한 피부 노화는 대표적으로 기미, 주근깨 등의 색소침착을 들 수 있습니다. 햇빛에 오래 노출되면 피부가 검게 변한다는 건 누구나 다 아는 상식일 것입니다. 여름에 검게 그을린 피부는 건강미의 상징으로 여겨지기도 했지요. 그래서 일부러 선탠을 하기도 합니다. 그러나 적당한 선탠은 비타민 D의 합성을 돕는 효과도 있어 건강에 이롭다고 할 수 있지만, 과도할 경우 피부 노화를 가속하는 주범이 될 수 있습니다. 당연한 상식이겠지만 자외선 차단제를 꼭 바르고 선탠을 해야 되겠지요.

이 말은 곧 늘 우리 곁에 존재하는 햇빛 안에 포함된 자외선만 잘 차단해도 피부 노화를 상당히 줄일 수 있다는 뜻입니다. 자외선 차단제의 중요성을 알 수 있는 부분이기도 하지요. 저 역시 결혼 초창기에 자외선 차단제를 습관적으로 매일 바르라는 아내의 잔소리를 밥 먹듯 무시했었는데, 마흔을 넘기고 쉰이 다 되어가는 현재 제 피부를 보고 많은 후회를 했습니다. 제 아내의 피부는 10년은 젊어 보이는 반면 제 피부는 실제 나이보다 더 많아 보이기 때문입니다. 역시 아내의 말은 듣고 보는 게 지혜롭다는 사실을 여기서도 또 깨닫게 됩니다.

멜라닌세포의 놀라운 기능

진피Dermis와 상피Epidermis 사이에 위치하는 멜라닌세포는 25세에서 30세 이후 10년마다 10퍼센트에서 20퍼센트 감소하기 때문에 자외선에 대한 색소침착 반응도 나이가 들수록 감소합니다. 이에 따라 햇빛에 많이 노출되더라도 피부색이 예전보다 검게 변하지는 않지만, 그만큼 피부 손상은 심해진답니다. 멜라닌세포가 가진 멜라닌은 피부색을 짙게 하는 기능만이 아니라 자외선에서 보호하는 기능도 하기 때문입니다. 피부색이 덜 짙어진다고 해서 자외선의 영향을 조금만 받는 게 아니라는 사실을 알 수 있는 것이지요. 보이는 게 다가 아니라는 말입니다. 특히 청장년기를 넘어선 사람의 경우에는 말이지요.

이 사실은 백인과 흑인의 비교로 충분히 쉽게 이해할 수 있습니다. 백인의 피부는 노화가 빠른 반면, 흑인의 피부는 노화가 상대적으로 느립니다. 여러분도 텔레비전에서 보거나, 그들을 직접 본 경험을 통해 이러한 가시적인 차이를 느끼신 적이 있을 것입니다. 백인들은 거의 20대를 지나면 급속도로 피부 상태가 나빠지는 반면, 흑인들은 20대를 지나서도 탄력 있는 피부를 유지하는 경우가 많습니다. 같은 나이라도 피부색에 따라 노화 정도가 다르게 나타나는 것이지요. 아무리 자외선 차단제를 잘 바르더라도 멜라닌세포의 기능 자체가 다르기 때문에 백인과 흑인 사이에 나타나는 노화의 정도 차이는 어쩔 수 없는 것입니다.

백인과 흑인의 피부색이 다른 이유, 그리고 자외선에 반응하는 정도가 다른 이유는 모두 멜라닌의 양과 농도 차이 때문입니다. 혹시 멜라닌세포 수가 달라서 이런 차이가 날 거라고 생각하시는 분이 계실 수도 있겠지만, 백인이나 흑인이나 황인이나 멜라닌세포의 개수는 비슷하다고 합니다. 대신 같은 수의 멜라닌세포라 하더라도 멜라닌을 생성하고 축적하는 세포소기관인 멜라노좀의 개수와 크기가 다르다고 합니다. 흑인, 황인, 백인 순으로 멜라노좀의 개수와 크기가 작아진다고 합니다. 멜라닌세포의 개수가 아닌 기능적 차이 때문에 피부색이 달라지는 것입니다. 자외선을 흡수하여 피부 깊은 곳으로 자외선이 침투하지 못하게 차단하는 것이 멜라닌의 기능이므로, 멜라닌이 많은 흑인의 경우 백인보다 자외선에 유전적으로 더 강한 특성을 가지게 되는 것입니다.

그러나 아무리 피부색에 따라 자외선에 반응하는 정도가 다르다고 해도 노화라는 불가항력의 힘이 가해질 때는 피부색과 무관하게 모든 사람의 피부는 자외선에 더 약해지게 됩니다. 앞서 언급했듯이 멜라닌세포의 수가 노화와 함께 점점 줄어들기 때문입니다.

피부 탄력이 줄어드는 원인

색소침착과 더불어 피부 노화의 두드러진 특징은 피부의 탄력이 줄어드는 것입니다. 피부가 쭈글쭈글 주름이 지는 것이지요. 피부의 탄력을 유지하기 위해 꼭 필요한 성분은 진피에 풍부한 콜라겐과 엘라스틴입니다. 이 두 가지 모두 나이가 들면서 감소하기 시작합니다. 콜라겐의 경우 20대 초반부터 매년 1퍼센트씩 줄어들고, 40세가 지나면 감소 속도가 더욱 빨라진답니다.

40세에서 60세 사이의 중년은 누가 봐도 얼굴에 주름이 생겨나는 걸 분명히 알 수 있는 시기입니다. 이때는 본인도 주름을 삶의 일부로 받아들이기 시작합니다. 중년이 끝나는 60대가 되면 아무리 감추려 해도 더는 얼굴에 생겨나는 주름을 감추기 어렵습니다. 며칠 전 아내와 함께 우리가 연애하던 시기와 결혼 초창기에 찍었던 사진들을 훑어보며 서로 입을 모아 고백했답니다. "아, 우리 저 때는 완전 아기였구나. 피부 봐. 처진 곳도 없고 탱글탱글하네." 그리고 서로의 얼굴을 쳐다봤습니다. 세월의 무상함에 우린 그저 웃고 말았답니다.

그런데 피부 노화는 얼굴에서만 일어나는 게 아닙니다. 얼굴이 가장 잘 드러나는 피부이긴 하지만, 피부는 온몸을 감싸고 있으니까요. 50대에는 목살이 처지면서 목주름이 나타납니다. 60대에는 피부가 전반적으로 축 처지는 주름이 생기고, 진피 아래에 있는 피하지방의 분포도 변합니다. 20대에서 30대에는 피하지방이 인체의 곳곳에 고르게 분포하지만, 60대 이상이 되면 얼굴, 팔, 다리에서 줄어들기 때문에 이곳에 주름이 많이 생깁니다. 한편, 다른 곳의 피하지방은 증가하는 현상을 보이는데, 남성은 복부, 여성은 엉덩이와 허벅지에 많아집니다. 피부라고 해서 모두 같은 현상을 겪지는 않는 것이지요. 그렇다면 노화를 겪기 전의 건강한 피부는 어떤 모습을 하고 있을까요? 그리고 피부의 기원은 어떻게 될까요?

피부의 구조

우리의 피부는 다음과 같이 크게 세 가지로 구성됩니다. 먼저, 층으로 이뤄진 상피(표피), 그 다음, 상피 아래에 느슨하게 들어찬 섬유아세포Fibroblast로 이뤄진 진피, 마지막, 상피의 가장 아래층과 모낭 안에 존재하는 멜라닌세포입니다.

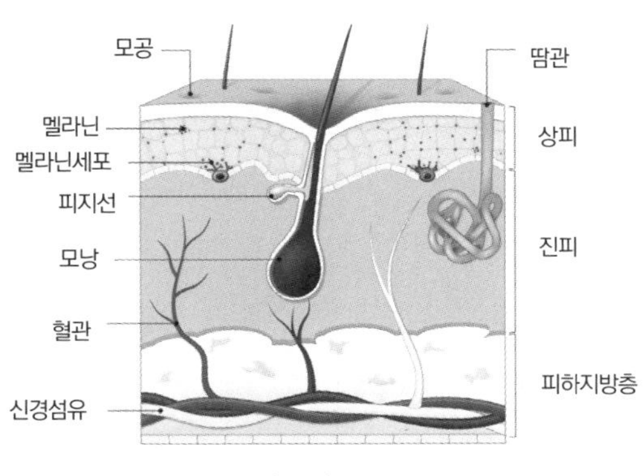

피부의 구조

물론 진피 아래에 피하지방층Subcutaneous fat layer도 존재하지만 엄밀하게 구분할 때 지방층은 피부를 구성하는 요소로 보진 않는답니다. 우리의 피부는 죽을 때까지 계속해서 새로운 세포로 대체됩니다. 상피는 네 개의 층으로 이뤄져 있는데, 아래층에서 새로운 세포가 계속해서 공급되어 위층의 세포를 밀어내는 식으로 매일 새로워지고 있는 것입니다. 놀라운 사실 한 가지 알려드릴까요? 성인의 경우 끊임없이 대체되어 새롭게 만들어지는 상피세포는 해마다 킹사이즈 침대 다섯 개를 충분히 채우고도 남는다고 합니다. 실로 어마어마한 양의 세포가 우리의 피부를 늘 새롭게 하고 있는 것이지요.

피부의 발생

피부의 가장 바깥쪽에 있는 상피는 외배엽Ectoderm*에서 기원합니다. 이 외배엽세포Ectoderm cell들은 장차 주로 신경계 기관과 상피조직으로 분화하게 되는데요. BMP 신호가 이 분화를 유도한답니다. BMP 신호는 신경계와 상피계로 모두 분화할 수 있는 외배엽세포들에 작용하여 신경계로 분화할 경로를 차단하고 상피계로 분화할 수 있는 환경을 제공합니다. 이 시기에 BMP 신호가 저해

* 낭배라고 부르는 세포 덩어리가 배엽을 형성하는 낭배형성 시기에 생겨나는 세 가지 배엽 중 가장 바깥에 위치하는 배엽.

되면 외배엽세포들이 모두 신경계로만 분화하게 될지도 모르는 것이지요.

상피는 궁극적으로 총 다섯 개 층으로 구성됩니다. 수정 후 처음 몇 주 동안 상피의 다섯 개 층 중에서도 가장 아래이자, 장차 진피가 될 중간엽세포Mesenchymal cell들 바로 위에 위치하게 될 기저층Basal layer, Stratum basale이 입방형 세포Cuboidal cell로 채워집니다. 기저층은 세포분열을 거듭하여 수정 후 11주 차에 중간 단계의 여러 층을 형성하게 되고, 20주 차까지 계속 분열과 분화를 통해 마침내 우리에게 친숙한 상피층 네 개를 더 형성하게 됩니다.

이 네 개 층은 아래에서부터 차례로, 피부를 유연하고 강하게 하는 역할을 담당하게 될 유극층Stratum spinosum, 과립층Stratum granulosum, 오직 손바닥과 발바닥에만 존재하는 투명층Stratum lucidum, 그리고 가장 바깥쪽에 위치하여 우리 눈에 보이며 수분을 보유하는 역할을 담당하게 될 각질층Stratum corneum입니다. 성인의 상피도 같은 층으로 구성되어 있답니다. 기저층에서 새로운 세포가 계속해서 만들어지고 차례대로 유극층, 과립층, 각질층 방향으로 분화하고 마침내 각질층이 떨어져 나가면서 우리의 피부는 지속해서 새로운 세포로 대체되고 있는 것입니다. 멜라닌세포는 상피의 기저층 군데군데 박혀 존재합니다. 이 세포는 신경능선세포Neural crest cell에서 기인합니다. 멜라닌세포의 전구체Precursor**는

** 일련의 생화학 반응에서 A에서 B, B에서 C로 변할 때, C란 물질에서 본 A나 B라는 물질.

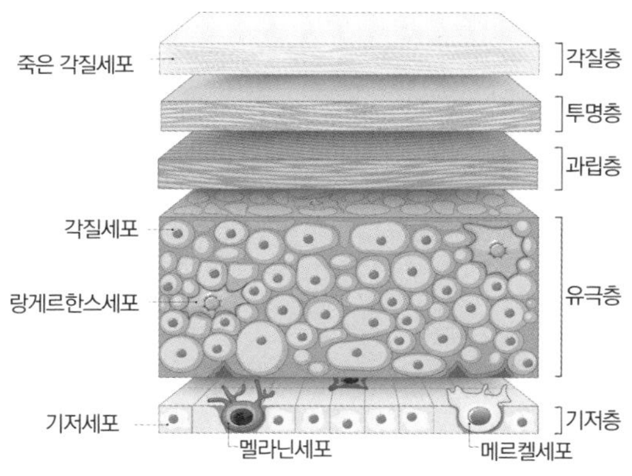

상피층의 구조

멜라닌아세포Melanoblast입니다. 성인의 경우 줄기세포는 모낭의 바깥쪽 뿌리 덮개의 돌출부에 포함되어 있습니다. 머리카락이 빠지고 모낭이 재생되면 줄기세포가 활성화됩니다. 이 줄기세포는 각질형성세포 전구체와 멜라닌아세포로 발달하는데, 이 멜라닌아세포가 상피의 기저층으로 이동해 머리카락과 피부에 공급되는 것입니다.

상피와 달리 진피의 기원은 외배엽이 아닌 중배엽Mesoderm입니다. 피부에서 가장 얇은 층이 상피층이라면, 가장 두꺼운 층은 진피층입니다. 진피층은 위로는 상피층, 아래로는 피하지방층 사이에 위치합니다. 진피의 구성은 주로 섬유질이며 콜라겐과 엘라스틴으로 이루어집니다. 그래서 피부의 전체 구조를 두껍게 하고 지지하는 데 도움을 줍니다. 진피에는 혈관, 신경 종말, 모낭 및 땀샘이 있습니다. 섬유아세포, 대식세포, 지방세포, 비만세포, 슈반세포Schwann cell, 줄기세포 등 다양한 세포 유형이 있습니다. 특히 섬유아세포는 진피의 주요 세포입니다.

아름다운 피부란

텔레비전을 단 10분만 틀어놓아도 화장품 광고를 빠지지 않고 볼 수 있는 시대입니다. 홈쇼핑 채널에서는 화장품 광고에 수십 분 이상 할애하기도 하지요. 가만히 생각해 보면, 제가 아주 어렸을 때도 화장품 광고를 텔레비전에서 볼 수 있었습니다. 당시에 인기를 거머쥐고 있던 셀럽들이 항상 그 광고를 도맡아 했던 것 같고요. 아마 그들에게는 일종의 영예가 아니었을까 싶습니다. 그만큼 아름답다는 인정 같은 것이었을 테니까요.

얼굴이 아름답다는 말은 다분히 주관적인 표현이지요. 그러나 그 말을 객관적인 표현으로 대체할 수 있는 방법이 하나 있습니다. 바로 피부가 얼마나 탄력이 있고 색소침착이 적은지 수치화하는 것입니다. 물론 제 개인적인 상상일 뿐이지만, 이런 방식은 피부의 나이를 측정하는 방법으로도 쓰일 수 있지 않을까 싶습니다.

화장품 광고를 하는 셀럽들은 대개 20대에 속하지요. 20대는 여성이나 남성이나 모두 신체적으로 가장 완전에 가까운 시기입니다. 보통 10대 후반에 이차성징을 마치고 성장판도 닫히면서 성장이 멈추고 성숙화 과정이 본격적으로 일어나는 시기가 바로 20대이지요. 노화의 시작을 아무리 빨리 잡아도 26세 정도로 보는데, 그렇다면 20대 초반에 해당하는 여성이나 남성은 그들의 일생 중 가장 신체적으로 최전성기를 맞이하고 있는 것입니다. 그러나 20대 후반에 접어들게 되면 그렇게 빛났던 순간들도 하나둘씩 사그라들게 되지요. 물론 성숙미라는 또 다른 아름다움을 부각하는 시기이기도 하지만요.

요즈음엔 예전에 인기 있던 셀럽이 50대가 되어서도 화장품 광고를 찍는 경우가 꽤 많습니다. 저에겐 아주 훌륭한 작전 같아 보였습니다. 50대면 충분히 피부 노화가 진행된 상태일 텐데, 그가 광고하는 화장품을 사용하면 마치 10년 혹은 20년을 거슬러 올라가 젊은 피부처럼 보일 수 있다는 메시지로 보이기 때문입니다. 그러나 과연 이 광고가 얼마나 진실을 담고 있을까요? 아마도 그 광고를 보고 그대로 믿는 사람은 아무도 없을 것입니다. 피부 노화를 멈추는 것도 불가능한데, 과거로 되돌릴 수 있다는 말은 희망에 불과하지요.

그러나 화장품이 피부 노화를 천천히 진행되게 하는 효과는 있습니다. 특히 피부의 수분을 오래 유지하는 효과, 그리고 자외선을 효과적으로 차단해 주는 효과는 우리가 화장품의 기능을 십분 활용하는 지혜로운 선택이라 할 수 있습니다. 값비싼 화장품도 어느 정도 효과를 낼 수 있겠지만, 그보다 더 중요하고 효과적인 방법은 아무래도 건강한 습관을 들이는 것이라고 생각합니다. 화장품을 바르지 않아도 탄력 있는 10대, 20대부터 꾸준히 수분 관리와 자외선 차단을 생활 습관으로 들인다면, 물론 식습관을 건강하게 하고, 운동도 생활화해야겠지만 분명히 본인이 할 수 있는 최대한의 피부를 유지할 수 있지 않을까 합니다. 혹시 아나요? 정말로 10년은 젊어 보일 수 있을지. 그리고 아름다운 피부는 궁극적으로 건강미가 아닐까요?

눈

우리 몸의 창문이 흐려질 때

나이 든다는 아찔한 첫 느낌

인생의 후반전을 막 시작할 무렵 노안이라는 불청객이 찾아왔습니다. 정말 나이 들었구나 하는 느낌에 확 사로잡히는 순간이었습니다. 나이 들어간다는 것에 관조하듯 태연할 줄 알았는데, 가장 처음 느낀 감정은 당황스러움이었습니다. 정말 당황스럽더군요. 글자가 잘 안 보이다뇨! 바로 눈앞에 있는 것인데도 말입니다. 그 절망적인 느낌은 수년이 지난 지금도 선명하게 기억납니다.

중학생 때부터 어두운 방 안에서 백열전구 하나 켜고 추리소설을 탐독하느라 그랬는지 정확한 원인은 모르지만, 멀리 있는 것들도 잘 보이지 않아 안경을 쓰기 시작했습니다. 안경이 평생 동반자가 되어버리는 순간이었습니다. 그런데 설상가상으로 몇 년 전부터 멀리 있는 것만이 아니라 가까이 있는 것들도 잘 보이지 않았습니다. 마흔 살 무렵 인생의 낮은 점을 지나다가 독서에 빠져들어 책에서 위로와 치유를 경험했는데, 눈앞에 바로 보이는 글자들에 초점이 맞춰지지 않는 것이었습니다. 마음의 치유를 얻는 대신 눈을 희생해야 했던 것일까요? 안경점에 가니 노안이 왔다는 진단을 받았습니다. 거기에 맞는 안경을 맞춰야 한다는 말과 함께 말이지요. 이상한 기분이었습니다. 아마도 이런 것들이 인생의 후반전에 접어든 사람들이 일상에서 하나둘씩 느끼는 소소한 당황스러움이 아닐까 싶었습니다.

현재 저는 평상시엔 근시와 약간의 난시를 잡는 안경을 착용하고, 책을 읽거나 글을 쓸 때, 혹은 컴퓨터 작업을 할 때에는 노안 안경을 씁니다. 그러면 신기하게도 가까운 글자들이 또렷이 보입니다. 인상을 쓰지 않아도 되는 것이지요. 지금 이 글을 쓰는 중에도 저는 노안 안경을 쓰고 있답니다.

읽고 쓸 때만이 아닙니다. 실험생물학자로서 연구소에서 실험할 때에도 이 노안이라는 녀석은 골치를 썩이기 시작했습니다. 특히 분자생물학 관련해서 DNA 혹은 RNA를 수집할 때 마지막 단계에 원심분리기로 침전을 시키는데 그 침전물이 어느 날부터 잘 보이지가 않는 것이었습니다. 평상시 착용하는 안경을 벗으니 그제야 보이더군요. 아찔했습니다. 전혀 생각지도 않던 부분에서 묵

직한 한 방을 제대로 맞은 듯한 기분이었습니다. 정말 나이 든다는 게 무엇인지 피부로 느낄 수 있었습니다.

이 글을 읽는 여러분은 어떠신가요? 마흔 언저리나 마흔을 넘기신 분은 제 기분을 충분히 공감하실 수 있지 않을까 합니다. 이번 장에서는 노화의 또 다른 대표적인 증상인 노안과 눈이 노화되면서 생기는 몇 가지 질환들을 살펴보고, 눈의 발생까지 훑어보겠습니다.

수정체의 기능 상실

평균 수명의 절반에 해당하는 40대가 되면 도둑처럼 노안이 우리를 찾아오기 시작합니다. 물론 모든 사람에게 동시에 찾아오진 않습니다. 시간차가 있을 뿐 노안은 노화의 엄연한 증상이므로 누구에게나 찾아오게 되어 있답니다.

가까운 물체를 볼수록 우리 눈은 수정체를 두껍게 합니다. 굴절력을 증가시켜서 상을 망막에 정확히 맺히게 하기 위해서입니다. 그런데 이렇게 수정체를 두껍게 할 수 있는 능력이 나이가 들면서 점점 떨어지게 된답니다. 처음에는 이런 감소가 미미하기 때문에 잘 인지하지 못하지만 어느 순간 불편함을 느끼기 시작하지요. 그 시점이 마흔 언저리인 것입니다.

제가 책을 읽거나 분자생물학 관련 실험을 할 때처럼 약 25센티미터에서 30센티미터 정도의 근거리 작업에 장애가 생기기 시작하면 이 증상을 노안이라고 합니다. 눈을 많이 사용하는 직업이라면 이 증상은 더 빨리 찾아오기도 합니다. 스마트폰의 대중화 때문에 요즈음은 남녀노소 막론하고 편한 자세라고 잘못 알려진 흐트러진 자세로 구부정하게 고개를 숙인 채, 어두운 환경에서 밝은 화면의 스마트폰 동영상을 시청하는 경우가 빈번한데요. (거북목의 지름길이지요. 척추도 휘게 되고요.) 과거에 비해 노안이 찾아오는 시기가 앞당겨질 것으로 충분히 예측할 수 있습니다. 평균 수명은 점점 늘어나는데 몸은 더 빨리 노화의 증상을 겪게 되는 이 현상을 보며 저는 생물학자로서 안타까움을 지울 수 없답니다.

노안은 질환이라고 할 수 없는 자연스러운 노화의 증상 중 하나로 인식할 수 있지만, 실명을 불러올 수 있는 질환도 있답니다. 아마도 주위에서 어렵지 않게 이러한 질환을 겪고 있는 분들을 찾아볼 수 있으리라 생각합니다. 제 외할아버지도 녹내장으로 수년을 고생하셨답니다. 더 많은 종류가 있으나 여기에선 대표적인 세 가지 노인성 안질환을 짧게 소개할까 합니다.

3대 노인성 안질환

백내장

백내장 역시 노안과 마찬가지로 우리 눈에서 렌즈 역할을 하는 수정체에 문제가 생기는 질환입니다. 증상은 안개가 낀 것처럼 사물이 흐리게 보이거나 겹쳐 보이는 것입니다. 수정체가 뿌옇게 혼탁해지면서 빛을 제대로 통과시키지 못하기 때문에 이런 현상이 벌어지게 된답니다. 단순히 멀리 있는 사물이 잘 보이지 않는다거나 가까운 것들에 초점이 잘 맞춰지지 않는 증상과 전혀 다른 것이지요. 그럼에도 백내장은 노안과 자칫 혼동되곤 합니다. 둘 다 나이가 들면서 오는 증상이고 이전과 달리 시력에 문제가 생기는 것이기 때문에, 그리고 무엇보다 생명에 큰 지장이 없기 때문에 대부분 초기엔 무시하고 일상생활을 유지하게 되지요. 그래서 눈에 이상이 느껴질 때는 주저하지 말고 병원에 들러 제대로 검사를 받아보는 습관이 중요합니다. 노안은 시기만 다를 뿐 누구나 겪는 자연스러운 노화 현상이지만 백내장은 가만히 놔두면 실명을 초래할 수 있는 질환이기 때문에 이른 시기에 치료해야 한답니다.

녹내장

녹내장은 수정체가 아니라 시신경에 문제가 생기는 질환입니다. 아시다시피 우리 눈이 보는 것을 무엇인지 인식하는 것은 눈이 아니라 뇌의 기능 덕분입니다. 눈과 뇌를 잇는 다리 역할을 하는 게 바로 시신경인데요. 아무리 수정체에 문제가 없더라도 뇌로 이어지는 다리에 문제가 생기면 볼 수 있어도 보지 못하는 결과, 즉 실명을 초래하게 되는 것이지요. 결국 본다는 것은 뇌 활동의 결과

이니까요. 안타깝게도 녹내장의 발병 원인은 아직 밝혀지지 않았답니다. 물론 안압의 상승으로 시신경이 눌리기 때문이라는 이유, 그리고 시신경으로 연결되는 혈류에 장애가 생겨 시신경이 손상되기 때문이라는 이유, 이렇게 두 가지 이유로 녹내장의 기전을 설명하고 있기는 하지만 말이지요. 참고로 과거에는 안압의 상승이 유일한 녹내장의 원인인 줄 알았다고 합니다. 그러나 안압이 정상인데도 불구하고 녹내장이 생기는 경우가 보고되면서 안압 상승 이외에 다른 원인이 작용하고 있음을 알게 되었답니다.

황반변성

황반변성은 황반부에 변성이 일어나는 시력 장애입니다. 우리가 보는 물체는 수정체를 통과하고 망막에 상이 맺히게 되는데요. 망막 중심부에 있는 신경조직으로 시세포가 모여 있는 곳을 황반이라고 한답니다. 황반의 변성이 진행되면서 신경부에 손상이 생기면 그때부터 글자나 직선이 흔들려 보이거나 휘어져 보입니다. 시력이 점차 저하되고, 결국에는 시야 중심부가 까맣게 보이는 암점이 생기게 되지요. 안타깝게도 녹내장의 경우처럼 황반변성의 원인도 아직 명확하게 규명되지 않았습니다. 그러나 노화가 가장 대표적인 위험 인자로 보입니다. 물론 노화가 항상 황반변성을 초래하는 건 아니지만 말입니다.

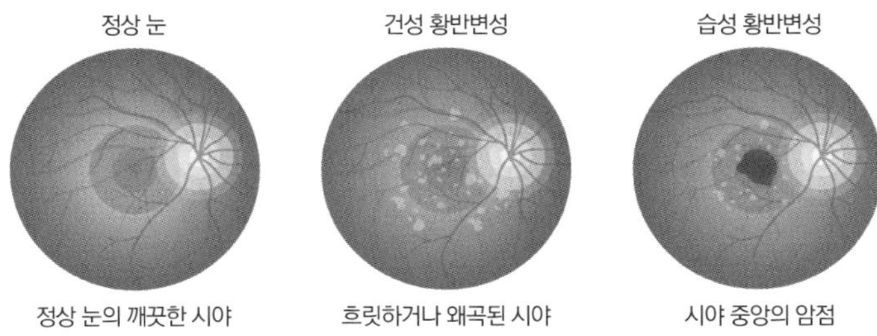

정상 눈(왼쪽)과 황반변성이 나타난 눈(가운데, 오른쪽)

여기까지 함께 살펴본 눈이라는 기관은 우리 몸의 창문 역할을 하지요. 이번엔 수정체니, 망막이니, 황반이니, 시신경이니 하는 용어를 막연하게 이해하는 정도를 넘어서, 전체적인 눈의 구의 구조를 잠시 살펴보고 이러한 놀라운 기관이 어떻게 생겨났는지 짚어보겠습니다.

눈의 구조

눈의 구조를 설명하기 위해 빛이 우리 눈을 통과하는 이동 경로를 간략하게 살펴보면 좋겠습니다. 먼저 빛은 외부에 노출된 각막을 통해 우리 눈으로 들어오게 됩니다. 각막을 통과한 빛은 동공을 지나가게 됩니다. 여러분은 주위 환경이 어두운지 밝은지에 따라 동공이 커졌다, 작아졌다 하는 현상을 잘 아시리라 생각합니다. 우리 눈은 어두울 땐 빛을 모으기 위해 동공을 확장하고, 반대로 밝

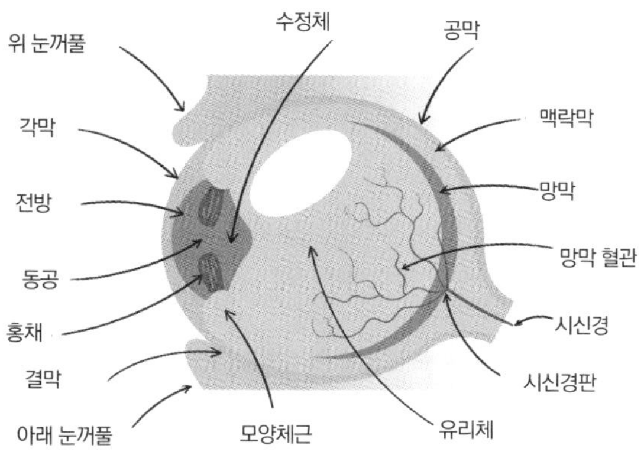

눈의 구조

을 땐 동공을 수축시키면서 빛의 양을 조절합니다.

이때 동공의 크기 변화는 동공 스스로 결정하지 않습니다. 홍채라는 구조물이 담당하게 됩니다. 홍채는 동공 가장자리 앞에 위치하며 카메라의 조리개처럼 동공으로 들어가는 빛의 양을 조절하는 것이지요. 홍채 역시 스스로 움직이는 게 아니라 홍채 주변에 연결된 근육이 수축하고 이완하면서 움직이는 것이랍니다. 참고로, 멜라닌의 양에 따라 눈의 색이 다른 사람들을 많이 보셨을 것입니다. 눈의 색이라 함은 곧 홍채의 색을 뜻합니다. 동공의 색은 홍채의 색과 달리 멜라닌의 양에 영향을 받지 않고 누구나 검은색을 띠지요. 빛이 들어가 전혀 반사되지 않기 때문에 그렇습니다. 블랙홀을 떠올리면 쉽게 이해가 가지 않을까 합니다.

동공을 통과한 빛은 즉시 수정체를 통과하게 됩니다. 우리 눈은 수정체의 두께를 조절하면서 초점을 맞추게 되는데요. 수정체를 두껍게 해서 가까운 사물에 초점을 맞추고, 얇게 해서 먼 사물에 초점을 맞추게 한답니다. 수정체의 두께 조절도 수정체 스스로 결정하지 못합니다. 수정체에 연결된 작은 근육인 모양체근을 통해 조절되는 것입니다. 상기해 드리자면, 수정체를 두껍게 할 능력이 노화에 따라 상실되면서 노안이 오게 되지요. 수정체를 두껍게 하지 못하니까 가까운 사물에 초점을 못 맞추는 것이랍니다.

초점을 맞춘다는 표현에서 이미 망막의 기능이 등장했습니다. 빛으로 인식된 사물은 각막, 동공, 수정체를 통과하여 궁극적으로 망막에 상으로 맺히게 됩니다. 망막 중에서도 상이 맺히는 중심부에 있는 부분이 앞에서 배운 황반입니다. 망막에 맺힌 상은 시신경을 통하여 뇌로 전달되고 비로소 '본다'라는 행위를 완료하게 됩니다.

눈의 가장 큰 부분을 차지하는 구조물을 한 가지 언급하지 않았는데 혹시 눈치채셨을까요? 바로 눈이라는 기관 전체 부피의 약 80퍼센트를 차지하고, 98퍼센트가 물로 채워진 젤 같은 액체인 유리액입니다. 유리액은 수정체와 망막 사이에 존재하며 눈의 모양을 유지해 주는 역할을 한답니다. 아시다시피 눈은 구球 모양을 하고 있지요.

눈의 발생

눈은 임신 3주에서 10주 사이에 형성됩니다. 눈조직은 중배엽 및 외배엽을 기원으로 합니다. 망막, 모양체, 시신경, 홍채는 신경상피Neuroepithelium에서 유래됩니다. 수정체, 눈꺼풀, 각막상피는 표면외배엽Surface ectoderm에서 형성됩니다. 공막, 혈관, 안구 근육, 유리체, 각막 내피 및 간질은 세포외중간엽Extracelluar mesenchymal에서 발생합니다. 눈의 발생이 시작되기 위해 가장 중요한 유전자는 호메오박스Homeobox 유전자 중 하나인 Pax6입니다. 이 유전자가 없으면 시신경구Optic groove에서 빠져나오면서 시작되는 발생 과정이 사라져 눈 자체가 생기지 않는답니다. 이는 사람에게만 관찰된 게 아니라 생쥐와 초파리에서도 유전자 제거 실험으로 증명되었습니다.

눈의 발생 과정이 너무나도 복잡하답니다. 발생생물학 교과서를 아무리 요약하려고 해도 외계어가 난무한 상황이 펼쳐질 것 같고 너무 길어질 것 같아 여기에서 언급하는 게 적절한지조차 모를 정도로요. 그래도 구색은 갖춰야 하니 딱 한 단락 정도만 할애해서 간략하게 요약해 보도록 하겠습니다. 참고로 뇌 다음으로 가장 복잡한 기관이 바로 눈이라고 하네요.

임신 4주 차에는 신경관이 닫히게 됩니다. 바로 그때 시신경구가 시신경소포Optic vesicle로 변형되는데, 이는 전뇌 양쪽에 있는 부분에서 자라 나오는 것입니다. 시신경소포는 표면외배엽과 접촉하게 되고, 이는 눈의 추가적인 발생에 필요한 외배엽의 변화를 유도하게 됩니다. 시신경소포는 시신경컵Optic cup으로 발생하며, 그것의 내부 층은 망막색소상피Retinal pigment epithelium를 형성하고, 외부 층은 망막을 형성합니다. 홍채와 모양체는 시신경컵의 중간 부분에서 발생합니다. 시신경컵이 함입됨에 따라 수정체기원판Lens placoda은 외배엽이 두꺼워지면서 형성되고, 결국 외배엽에서 분리될 때 수정체소포Lens vesicle를 형성하고 주위 환경과 신호 전달을 주고받으며 마침내 수정체로 성숙하게 됩니다.

눈 건강을 지키는 방법

질병관리청에서 제안하는 '눈 건강관리를 위한 9대 생활 수칙'을 살펴볼 필요가 있습니다. 다음과 같습니다.[2]

1 약시를 조기에 발견하려면 되도록 빨리 만 4세 이전에 시력검사를 받습니다.
2 40세 이상 성인은 정기적으로 눈 검사를 받습니다.
3 당뇨병과 고혈압, 이상지질혈증(고지혈증)을 꾸준히 치료합니다.
4 콘택트렌즈를 착용할 때 의사와 상담합니다.
5 담배는 반드시 끊습니다.
6 야외 활동 시 자외선을 차단할 수 있는 모자 또는 선글라스를 착용합니다.
7 실내 온도와 습도를 적절하게 유지하고, 장시간 컴퓨터 사용을 자제합니다.
8 지나친 근거리 작업을 피하고, 실내조명을 밝게 유지합니다.
9 작업과 운동 시 적절한 안전 보호 장구를 착용합니다.

인터넷과 스마트폰을 보편적으로 사용하고 동영상이 책을 대체하고 있는 이 시대에 우리 눈은 점점 더 혹사를 당하고 있습니다. 2021년 10월 17일 KBS 뉴스 보도에 따르면, 코로나19 사태 이전에 초등학교 1학년은 약 26퍼센트, 4학년은 약 45퍼센트를 웃돌던 근시 유병률이 몇 년 전 코로나19 사태 이후 2021년 검진에선 1학년과 2학년은 약 38퍼센트, 4학년과 5학년은 약 63퍼센트로 크게 상승했다고 합니다.[3] 놀라운 사실은 시력 감소의 원인이 코로나19 발병 때문이 아니라 온라인 매체를 이용한 교육 시간 때문이라는 것입니다. 비대면 수업을 진행하다가 장시간 컴퓨터 스크린에 노출되다 보니 온라인 게임과 별개로 아이들의 시력에 손상을 주게 된 것이지요.

이런 영향은 비단 우리 아이들에게만 해당하진 않을 것입니다. 길거리를 지나다니거나 지하철이나 버스를 타도 열의 일곱은 스마트폰을 들여다보는 광경이 일상이 되었습니다. 불과 10년 정도 만에 이런 국가적인 변화가 초래된 것입니다. 실로 놀라운 일이지요. 유행에 민감한 한국인이 이룬 21세기의 대업적이 아닌가 싶습니다. 물론 한국이 다른 나라보다 이런 면에서 빠를 뿐이지 이 변화는 세계적인 추세로 보입니다.

인터넷, 스마트폰, 동영상의 삼단콤보의 파급효과는 실로 엄청난 것이지요. 우리의 눈은 이 모든 것들을 가장 먼저 접하는 기관이고요. 노안이나 백내장 등의 안질환의 발병률과 유병률이 점점 가속화되지 않을까 우려가 됩니다. 부디 질병관리청에서 제안하는 아홉 가지 수칙을 염두에 두고 일상에서 건강한 생활 습관을 들이도록 애써야겠습니다.

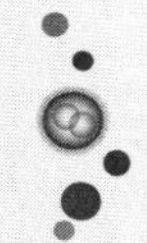

뼈

허리 삐끗 한 번에 병원 신세 지는 까닭

노인의 골절상이 위험한 이유

종종 뉴스 기사나 주위에서 들려오는 이야기 중에 어르신들이 발을 헛디뎌 넘어졌는데 척추뼈나 고관절 뼈, 발목뼈가 부러졌다든지, 넘어지면서 본능적으로 손으로 바닥을 짚었을 뿐인데 손목뼈가 부러졌다든지, 혹은 단지 기침했을 뿐인데 갈비뼈가 부러졌다든지, 바닥에 떨어진 물건을 줍기 위해 허리를 숙였는데 척추뼈에 금이 갔다든지 하는 이야기를 아마 한두 번씩은 들어보셨으리라 생각합니다. 그만큼 현실에서 빈번하게 일어나는 일인 것입니다.

이런 질문을 해볼 수 있습니다. "만약 청소년이나 청년이 동일한 방식으로 넘어졌더라도 똑같이 뼈가 부러졌을까요?"라고 말이지요. 물론 불가능하다고 확언할 수는 없겠지만, 비슷한 사례의 수를 늘리면 늘릴수록 거의 불가능하다는 결론으로 수렴하리라 생각합니다. 다시 말해, 젊은 사람과는 달리 어르신들이 그렇게 어이없을 정도로 쉽게 뼈가 부러지는 이유가 따로 있다는 것입니다. 우린 그냥 연세가 많아서 그래, 혹은 약해서 그래, 정도로 그 이상 원인을 궁금해 하지도 않고 어르신들이 겪게 되는 일들이라고 규정해 버리곤 합니다. 여기에선 한번 진지하게 질문하고 그 답을 찾아보겠습니다. 나아가 그 답이 우리의 상식으로 장착할 수 있길 기원합니다. 더불어 뼈의 노화만이 아니라 발생까지 간략하게 살펴보겠습니다.

부러짐의 원인, 골다공증

바닥에 넘어지거나 허리를 굽히거나 기침을 살짝 했을 뿐인데 어이없게 뼈가 부러지는 현상의 저변에는 골다공증Osteoporosis이 있을 가능성이 농후합니다. 그래서인지 골다공증 때문에 발생하는 골절은 엉덩이, 손목 또는 척추에서 가장 흔합니다. 골다공증은 이름에서 알 수 있듯 뼈에 구멍이 많아지는 증상, 즉 뼈의 두께가 얇아지고 밀도가 낮아지는 증상입니다. 약간의 충격만 가해져도 부러지기 쉬운 상태가 되는 것이지요. 안타까운 사실은 골다공증은 자가 진단이 어렵다는 것입니다. 보통은 뼈가 부러지지 않으면 스스로 알아채기 힘들지요. 그래서 본인이 골다공증이라는 사실을 뒤늦게 알게 되어 치료가 늦어지곤 한답니다. 현재 국민건강보험공단에서 만 54세와 만 66세 여성에게 무료로 골다공증 검사(골밀도 검사)가 제공되니 잊지 말고 기회를 잘 챙기시면 좋겠습니다. 검사 결과 골다공증 진단을 받았다면 의사의 권고에 따라 약과 주사 등의 치료를 병행하면서 1년에 한 번씩 검사하여 계속 추적 관찰하는 것이 좋다고 합니다.

골밀도의 감소

골밀도는 20대 후반에 최대가 되었다가 30세 이후 매년 0.1퍼센트에서 0.3퍼센트 정도로 조금씩 감소합니다. 특히 여성은 완경 이후 매년 1퍼센트에서 2퍼센트씩 급격하게 감소합니다. 고령의 남성과 여성의 골밀도 소실률은 비슷하다고 합니다. 골밀도 감소는 엄연한 노화의 한 증상입니다.

골밀도 검사는 말 그대로 뼈가 얼마나 많은 뼈세포(골세포)Osteocyte로 구성되어 있는지 수치화하는 검사입니다. 뼈에 구멍이 많이 생길수록 뼈세포의 수가 적겠지요. 반대로 평균보다 뼈에 구멍이 적으면 뼈세포의 수가 많은 상태를 반영하는 것이겠지요. 뼈세포의 수가 계속 줄어들게 되면 골감소증Osteropenis이 생깁니다. 골감소증은 골다공증의 전 단계라고 이해하시면 됩니다. 골다공증으로 진행되지 않도록 식이요법과 운동으로 몸을 잘 관리해야 할 마지막 시기라고 여기셔도 좋겠습니다.

신기하게 생각하실 수도 있겠지만 이 골감소증이 골다공증을 초래할 수 있는 반면, 세상에는 뼈세포의 수가 평균보다 늘어난 경우도 존재한답니다. 뼈의 구멍 개수가 평균보다 줄어든 것에 해당하지요. 아시다시피 정상인의 뼈, 이를테면 딱딱하게만 보이는 팔다리뼈도 뼈로만 가득 차 있다고 상상하실지 모르겠지만, 그 안을 자세히 들여다보면 미세한 구멍들이 존재한답니다. 즉 뼈에 존재하는 구멍은 아주 정상적인 모습이지요.

이렇게 뼈의 구멍 개수가 줄어든 드문 경우를 골화석증Osteropetrosis이라고 부릅니다. 골화석증 대부분은 선천성 질환으로 알려져 있습니다. 골화석증은 골다공증과 비교할 때 증상은 정반대라고 할 수 있지만, 노화에 직접 영향을 받는 건 골감소증과 골다공증에만 해당한답니다. 건강검진 등으로 골밀도 검사를 하면 수치화된 값을 부여받게 됩니다. 이 수치는 'T 점수'라고 하는데요. T 점수가 마이너스 1 이상이면 정상 범위에 들고, 마이너스 2.5 미만이면 골다공증으로 공식적인 진단을 받게 됩니다. 골감소증은 골다공증의 전 단계이므로 마이너스 1과 마이너스 2.5 사이에 해당하는 경우에 부여되는 명칭이랍니다.

50세 이상의 여성은 일상생활에서 별다른 문제가 없다 하더라도 골밀도 측정을 꼭 한 번씩은 해보길 권장합니다. 만 54세에 해당한다면 국민건강보험공단에서 무료로 건강검진에서 선택하실 수 있으므로 꼭 검사를 받으시길 바랍니다. 50세 이상의 여성이라는 말은 여성 대부분이 완경을 맞이하는 시기와 맞물리기 때문이랍니다. 완경 후 1년 이후에는 보통 상당한 골감소가 진행 중이라는 보고도 있으니 완경이 지난 여성들은 더더욱 꼭 골밀도 검사를 받으시길 추천합니다. 참고로, 골다공증 환자의 90퍼센트 이상이 여성이지만, 남성 역시 피할 수 없는 노화의 증상 중 하나가 바로 골감소증과 이어지는 골다공증입니다. 여성 특이적인 질환이 아닌 것이지요.

뼈의 발생

당연한 말이겠지만 골격 역시 배아 시기에 형성이 됩니다. 피부의 발생에서 잠시 살펴봤던 세 가지 배엽3 Germ layers*에 대한 설명에 따르면, 골격은 많은 기관이나 조직처럼 특정한 하나의 배엽에서 비롯되지 않습니다. 골격 형성은 세 가지 서로 다른 배엽에서 이루어집니다. 근축중배엽Paraxial mesoderm, 측판중배엽Lateral plate mesoderem, 그리고 '네 번째 배엽'이라고도 불리는 신경능선세포 중 하나인 머리신경능선세포Cranial neural crest cell가 바로 그 세 가

* 척추동물 수정란 발생 과정에서 일시적으로 나타나는 세 개의 세포층. 내배엽, 외배엽, 중배엽으로 나뉘며, 각각의 배엽에서 특정한 기관이 구성됨.

지에 해당합니다. 근축중배엽에서 만들어지는 체절Somite에서 우리 몸의 축을 이루는 척추가 형성됩니다. 측판중배엽에서는 팔다리 골격이 만들어집니다. 그리고 머리신경능선세포에서는 두개골, 머리, 얼굴에 분포한 골격이 형성됩니다. 뼈라고 해서 모두가 다 같은 뼈는 아닌 셈이지요.

골형성에는 두 가지 방식이 있습니다. 두 가지의 공통점은 모두 중간엽조직Mesenchymal tissue을 뼈조직Bone tissue으로 전환한다는 것입니다. 그렇다면 차이점은 무엇일까요? 앞으로 조금 더 자세하게 살펴보겠지만, 막내골화Intramembranous ossification 방식은 중간엽조직을 중간 단계 없이 직접 뼈조직으로 전환하는 것이고, 연골내골화Endochondral ossification 방식은 중간엽조직을 이루는 중간엽세포를 연골Cartilage로 먼저 전환한 후 그 연골을 다시 뼈로 대체하는 것입니다. 연골이 중간 단계로 들어간 방식인 것이지요. 막내골화 방식으로 형성되는 뼈는 두개골이 대표적이고, 연골내골화 방식으로 만들어지는 대표적인 뼈는 팔다리뼈입니다. 이런 사실로 미루어보아도 또다시 우리는 인정하지 않을 수 없습니다. 뼈라고 해서 모두가 다 같은 뼈는 아니라고요. 이 신기한 두 가지 방식으로 어떻게 뼈가 만들어지는지 좀 더 살펴보겠습니다.

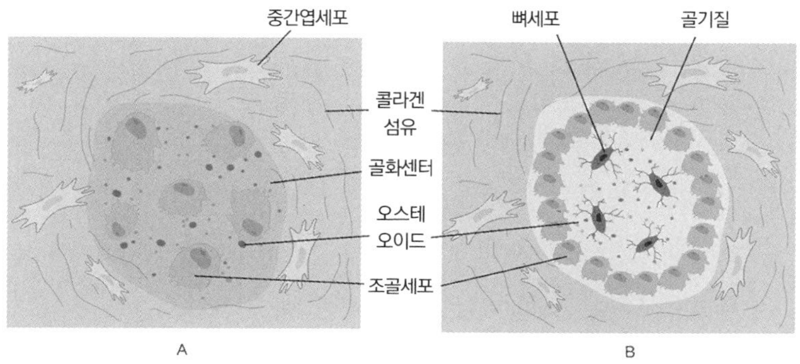

막내골화 방식

막내골화 방식

막내골화 방식으로 만들어지는 대표적인 뼈로는 사람의 경우 두개골이고, 동물의 경우 거북이 등딱지랍니다. 사람의 두개골이나 거북이 등딱지나 모두 평평한 뼈라는 사실을 알 수 있습니다. 팔다리뼈처럼 길쭉한 뼈가 아니라 평평한 뼈는 막내골화 방식으로 만들어진다고 이해하셔도 상관없을 것입니다.

머리신경능선세포에서 유래한 중간엽세포가 증식하고 응축하면, 일부는 모세혈관으로 발생하게 되고, 다른 일부는 세포 모양을 변형하여 뼈세포의 전구세포Progenitor**인 조골세포Osteoblast로 발생하게 됩니다. 조골세포는 오스테오이드Osteoid라는 콜라겐-프로테오글리칸 기질Collagen-Proteoglycan matrix을 자체적으로 분비

** 줄기세포와 완전히 분화된 세포 사이에 존재하는 중간 단계의 세포, 제한된 분화 가능성을 가짐.

하는 성질을 띠는데, 이것이 칼슘염과 결합하여 석회화되면 우리가 잘 아는 딱딱한 뼈가 된답니다. 조골세포는 종종 석회화된 기질 안에 갇히기도 하는데, 이 세포들은 뼈세포라고 불리는 세포로 분화하게 됩니다. 주위에 있던 중간엽세포들은 계속해서 조골세포 Osteoblast로 발생하게 되고 석회화된 뼈를 둘러싸게 됩니다. 이 조골세포들 역시 오스테오이드를 분비하게 되고 조골세포들에 둘러싸인 채 뼈는 점점 석회화도 진행되고 크기도 점점 커지게 되는 것입니다.

연골내골화 5단계

연골내골화는 중간엽세포가 먼저 연골조직을 만들면, 나중에 그 연골조직이 뼈로 대체되는 방식입니다. 이 과정은 짧게 다섯 단계로 나눌 수 있습니다.

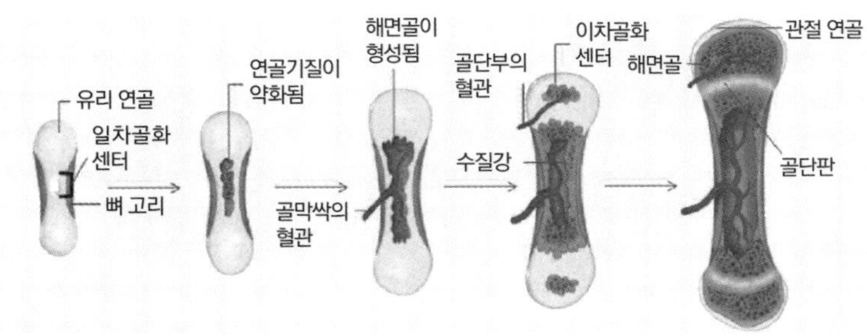

연골내골화 5단계

먼저 연골모델Cartilage model이 형성됩니다. 중간엽세포가 한군데로 모여 응축하면서 연골모세포Chondroblast로 분화합니다. 세포분열을 거듭하며 연골모세포는 다른 조직에는 없고 연골에만 존재하는 세포외기질Extracellular matrix을 분비합니다. 그리고 그 기질에 둘러싸여 고립되는 연골모세포는 연골세포Chondrocyte로 분화됩니다. 이렇게 해서 연골모델이 형성되는 것입니다.

두 번째, 연골의 석회화가 진행됩니다. 계속되는 연골모세포의 증식과 세포외기질의 분비 때문에 연골모델의 크기가 커지고, 연골모델 중앙에 있는 연골세포는 증식을 멈추고 부피를 극적으로 증가시켜 비대연골세포Hypertrophic chondrocyte로 전환됩니다. 비대연골세포는 세포가 성장하고 분화하는 데 영향을 미치는 콜라겐 XCollagen X와 피브로넥틴Fibronectin을 추가하면서 기존에 분비하고 있던 세포외기질을 탄산칼슘이 석회화할 수 있도록 변경을 가합니다. 이 과정을 거쳐 연골의 석회화가 일어나게 됩니다.

세 번째, 일차골화센터Primary ossification center가 형성됩니다. 연골모델은 혈관과 연결되지 않은 상태이고 석회화가 진행되면 중앙에 있던 연골세포는 영양분이 고갈하여 인해 일명 '세포 자살'이라고도 불리는 세포자멸사Apoptosis로 죽게 됩니다. 연골세포가 죽은 자리는 빈자리가 되고 혈관이 연골모델을 침투할 때 자리를 내어준 뒤, 골수를 만들게 됩니다. 또 혈관이 침투할 때 운반된 조골모세포가 연골모델 바깥쪽에 도착하면 조골세포로 분화하게 됩니다.

이렇게 하여 일차골화센터가 탄생하게 되는 것입니다. 이곳은 장차 팔다리뼈 같은 긴뼈Long bone의 중앙 부분인 골간Diaphysis이 됩니다.

네 번째, 이차골화센터Secondary ossification center가 형성됩니다. 첫 번째 단계부터 세 번째 단계를 거쳐 큰 변화가 발생하는 동안 뼈는 조골세포의 증식을 통해 골간에서 서서히 연골을 대체하게 되고, 뼈의 끝부분에서는 연골이 계속 자라므로 팔다리뼈의 양쪽 끝을 가리키는 골단뼈Osteoepiphysis의 길이가 늘어납니다. 출생 후 이와 동일한 일련의 사건***이 골단 부위에서 발생하는데 이곳을 이차골화센터라고 합니다.

다섯 번째, 성장판이 형성됩니다. 골간과 골단 사이의 연골 부분을 골단판Epiphyseal plate 혹은 성장판Growth plate이라고 합니다. 이 성장판이 출생 후부터 성인 초기까지 뼈가 세로로 성장하는 것을 촉진합니다. 여러분도 아시다시피 성장판이 닫힐 때 키의 성장도 멈추게 됩니다. 성장판이 닫힌다는 말은 연골들이 모두 뼈로 대체된다는 말입니다. 이때 골단판이 있던 자리는 골단선Epiphyseal line으로 부릅니다.

*** 기질의 석회화, 연골세포의 사멸, 혈관의 연골모델 침투, 혈관을 통해 이동한 조골모세포가 조골세포로 분화하여 연골을 뼈로 대체하는 사건.

뼈 건강을 지키는 방법

초고령화 시대입니다. 평균 수명이 늘어 노인들의 비율이 점점 증가하고 있습니다. 특히나 출산율이 급감하여 이러한 현상은 가속되고 있는 상황입니다. 그에 따라 노화에 관련된 여러 질환이 사회적이고 국가적인 문제로 대두되고 있습니다. 그중 하나가 골다공증입니다. 건강보험심사평가원의 통계에 따르면, 골다공증 환자가 2018년부터 2022년 사이에 20퍼센트 증가했다고 합니다.[4] 매년 증가율은 다르지만 해마다 증가하고 있습니다. 2022년 전체 환자 수 대비 연령대별 비율을 보면 80세 이상이 14.9퍼센트, 70대에서 30.9퍼센트, 60대에서 가장 높은 38.3퍼센트, 50대에서 16.7퍼센트, 40대에서 1.9퍼센트, 그리고 30대에서 0.4퍼센트였습니다. 50대부터 본격적으로 골다공증이 시작되어 노인들의 삶에 깊숙이 침투한 현실을 볼 수 있는 것이지요.

그렇다면 우리는 어떻게 조금 더 일찍 골다공증에서 해방될 수 있을까요? 뼈가 약해지는 증상은 정상적인 노화 현상이지만 골다공증으로 고통받지 않을 수는 있을 것입니다. 질병관리청에서 제안하는 '골다공증 예방관리를 위한 7대 생활 수칙'은 다음과 같습니다.[5]

1 하루 30분 이상 적절한 운동을 합니다.

2 적정량의 칼슘과 비타민 D를 섭취합니다.

3 담배는 반드시 끊습니다.

4 술은 하루에 한두 잔 이하로 줄입니다.

5 카페인 섭취는 줄이고, 음식은 가능한 한 싱겁게 먹습니다.

6 넘어지지 않도록 주의합니다.

7 골밀도 검사 필요 여부에 대해서 의사와 상의합니다.

여기에서 2번에 한 가지만 더 추가하고 싶습니다. 바로 비타민 K를 섭취하는 것입니다. 비타민 K는 칼슘과 골기질을 결합하는 단백질인 오스테오칼신Osteocalcin을 생성하는 데 관여한다고 합니다. 즉, 혈중 비타민 K가 부족하면 칼슘이 골기질과 결합하지 못하고 뼈에서 칼슘이 빠져나가 골밀도가 낮아지게 됩니다. 골다공증의 위험이 증가하는 것이지요. 비타민 K는 케일, 쑥갓, 취나물, 근대, 무청 등 초록색 잎채소류와 김, 미역, 톳 등 해조류 등에 풍부하게 있다고 하니 골다공증이 진지한 문제로 대두되는 40대 이상부터는 식사 때 잘 챙겨 드시기 바랍니다. 건강한 식습관에 따른 건강한 뼈를 유지하면서 어이없는 골절의 위험에서 해방되시기를 기원합니다.

근육

근육 1kg은 나이 들수록 중요하다

마른 비만과 노화

처음에 '마른 비만'이라는 말을 듣고 형용모순이 아닌가 싶었습니다. '마른' 건 날씬하다는 뜻이고, '비만'은 살이 쪘다는 뜻인데, 이 둘은 서로 반대 개념이기 때문입니다. 그러나 조금만 더 알아보니 충분히 이해가 갔습니다. 비만이라는 단어의 정의가 살이 쪘다는 겉모습을 넘어 생리학적인 뜻을 포함하고 있기 때문이었습니다. 단순히 몸무게나 외형이 아니라 '체지방률'이라는 항목을 고려해야 하는 단어였지요. 즉 마른 비만은 체중이 적당하거나 오히려 신장에 비해 적을 수도 있지만 체지방률이 그 신장에 비해 비정상적으로 높은 상태를 의미하는 표현이었습니다. 물론 공식적인 의학 용어는 아니랍니다.

그렇다면 왜 이런 일이 발생하는 것일까요? 통속적인 표현으로, 빼빼 말랐는데 비만 진단을 받다니요! 이 부류에 속하는 사람들의 BMIBody Mass Index*는 정상일 가능성이 큽니다. 신장에 비해 체중이 정상 범위에 속한다는 말입니다. 그러나 신장과 체중만으로 우리 몸을 평가하는 건 체성분을 무시한 처사입니다. 같은 체중이라도 어떤 사람은 근육이 많을 수 있고 또 어떤 사람은 지방이 많을 수도 있지요. 바로 후자에 해당하는 사람들의 비공식적 진단명이 마른 비만인 것입니다.

마른 비만의 대표적인 두 유형이 있습니다. 하나는 팔다리는 가늘면서 배만 볼록 튀어나온 E.T. 체형이고, 나머지 하나는 젊고 날씬한 여성들에게서 드물지 않게 발견되는 유형입니다. 겉으로 보기에는 날씬한데 체성분 중 근육량이 터무니없이 적어서 체지방률이 상대적으로 높게 나온 유형이지요. 아무래도 운동 부족을 주요한 이유로 들어야 할 것입니다.

체중이 많이 나간다며 다이어트를 하는 많은 분이 식사량만 줄이는 방법을 쉽게 택하곤 합니다. 차라리 적게 먹는 방법을 택하는 것입니다. 원하는 체중에 도달할 수 있을지 몰라도 근육량이 턱없이 부족해져서 지방이 그 자리를 차지하는 상태를 만들게 되지요. 근육량은 기초대사량과 활동대사량의 중추이므로 이런 상태가 되

* 체중을 신장의 제곱으로 나눈 값.

면 체력이 급격히 떨어지게 된답니다. 날씬할 수는 있으나 건강미를 잃게 되고 허약한 상태로 치닫는 것이지요. 적정 체중만 의식하는 잘못된 습관에서 벗어나야 합니다. 인바디 같은 기계의 도움을 받아 근육과 지방의 상대적 비율을 스스로 자주 확인해서 그에 합당한 운동과 식단을 관리해야겠습니다.

나이가 들면서 근육량은 서서히 감소하게 됩니다. 젊었을 때의 근육을 운동을 통해 잘 유지만 해도 노후 준비의 반은 성공한다고들 하지요. 연구에 따르면 근육량과 근육의 강도는 30세 때 최대가 되고, 40세 이후부터 감소한다고 합니다. 근육량은 10년마다 8퍼센트씩 감소하고, 근육의 강도는 10퍼센트에서 15퍼센트씩 감소한다고 합니다. 70세 이후에는 그 속도가 더욱 빨라져 근육량은 10년마다 15퍼센트씩 감소하며, 근육의 강도는 25퍼센트에서 40퍼센트씩 감소하여, 결과적으로 90세에는 근육량이 20세의 절반밖에 되지 않는답니다. 노화에 따라 점진적으로 발생하는 근손실은 남성이 여성보다 더 빠르며, 상체보다는 하체가 더 심하다고 하네요.[6]

근감소증이 위험한 이유

근감소증Sarcopenia은 나이가 들면서 근육의 양만이 아니라 근력이나 근기능이 모두 감소하는 질환을 의미합니다. 여기서 질환이라는 단어가 중요합니다. 근감소증은 자연스러운 노화 현상이 아닙니다. 문제가 생겼다는 말입니다. 사람이라면 누구나 노화를 겪고, 노화와 함께 근육량이 감소하지만, 누구나 근감소증을 겪지는 않는답니다. 그뿐 아니라 노화와 상관없이 젊은 나이에도 근감소증을 겪을 수 있다고 합니다. 제가 앞에서 언급한 마른 비만 체형의 경우 근감소증을 진지하게 고려해야 할 것입니다.

근감소증의 원인은 한 가지가 아닐뿐더러 개인마다 다릅니다. 그러나 공통적이고 가장 흔한 원인은 영양 결핍과 운동 부족입니다. 우리 몸에서 합성하지 못하는 필수 아미노산을 음식으로 적당량 섭취하지 않으면 근육을 생성하기가 어려워집니다. 또 앞에서 언급한 것처럼 근육은 나이가 들면서 자연스럽게 감소하게 되는데, 일상적인 움직임조차 거의 하지 않으면 근손실 속도가 더욱 가속화되어 근감소증이 일어날 수 있습니다. 물론 근육 자체 문제가 아니라 당뇨나 암 등 다른 질환 때문에 2차로 근감소증을 겪을 수도 있습니다. 건강검진에서 근육량을 평균 이하로 진단받게 되신다면 반드시 의사의 권고에 따라 필수 아미노산이 풍부한 음식을 섭취하고, 무산소 운동 같은 저항성 위주의 근육 운동을 해야겠습니다.

근육은 간과 함께 음식물을 통해 얻은 포도당을 일차적으로 저장하는 장소입니다. 음식물을 섭취한 후 다음 끼니까지의 공복 기간이 오래될 경우 기초대사를 위해서라도 근육과 간은 저장해 두

었던 포도당을 혈액에 다시 내보내어 온몸에 공급하게 됩니다. 1차 저장 장소인 간과 근육의 공간을 다 사용하고도 남을 만큼 필요 이상으로 영양분을 많이 섭취한 경우, 우리 몸은 2차 저장 장소인 지방을 사용하게 됩니다. 보통 체중 조절의 목적은 지방을 제거하기 위함인데, 근육량이 적은 사람의 경우 1차 저장 장소가 빈약해서 몸이 2차 저장 장소인 지방을 곧잘 이용하기 때문에 체중 조절에 실패하는 것입니다. 그러므로 체중 조절 방법으로 1차 저장 장소를 크게 만든다면 우리 몸의 지방 축적을 막을 수 있다는 말이 되지요. 불행하게도 우리는 의지만으로 간의 크기를 늘릴 수는 없습니다. 그러나 근육은 마음만 먹는다면 늘릴 수 있습니다. 바로 운동을 통해서이지요.

근육량이 적다면 약간의 저항이 느껴지는 운동도 하기 쉽지 않습니다. 무리했다가는 관절이나 인대 혹은 뼈가 손상되기도 하지요. 그래서 운동하기를 주저하고, 피하게 됩니다. 그러면 근육량은 계속 줄어들게 되지요. 악순환이 일어나게 되는 것입니다. 하지만 그 반대도 사실입니다. 근육량이 적당하게 있다면 저항이 느껴지는 운동을 하기가 어렵지 않습니다. 성취감을 느끼는 동시에 관절, 인대, 뼈에 무리를 주지 않으면서 운동을 할 수 있습니다. 운동하는 만큼 자연스럽게 근육량이 늘어나게 됩니다. 근육의 선순환이 일어나게 되는 것이지요.

후자의 경우는 마른 비만이 아니고 비교적 젊은 나이에 속하는 사람들에 해당합니다. 근육량이 최고일 때가 30세 때이고 그 이후로 감소하기 시작한다고 하니, 20대나 30대 초반에 근육 운동을 습관으로 들이지 않으면 근감소증을 불러오는 지름길에 서게 될 가능성이 커지는 것입니다. 결국 또 운동으로 귀결되네요.

근감소증이 위험한 이유는 단순히 근육량이 줄어들기 때문은 아닙니다. 근감소증을 겪게 되면 낙상과 골절의 위험이 두 배에서 세 배 높아지고, 이 때문에 사망률이 증가한다고 합니다. 또 독립적인 일상생활 기능이 감소하고 질병으로 인한 입원 일수가 길어질 수 있습니다. 암 환자의 경우 근감소증이 있을 때 사망률이 증가한다는 연구 결과가 있답니다. 체력이 국력이라고들 하지요. 체력은 보통 근육량과 비례합니다. 살다 보면 어려운 일을 당할 때가 있고 체력이 고갈될 정도로 부지런히 움직여야 할 시기도 있습니다. 힘을 집중할 시기는 누구에게나 오게 되어 있지요. 바로 그 시기에, 즉 힘을 써야 할 시기에 힘을 쓸 수 없어서 해야만 하는 일을, 혹은 하고 싶은 일을 할 수 없게 된다면 큰 절망감에 사로잡히게 될 것입니다.

또 인생에서 어려운 일이 지나간 이후 체력이 모자라 회복하는데 많은 시간이 들게 되면 우울증에 걸릴 확률도 올라간답니다. 자신감이 사라지고 별것 아닌 문제에 무너지게 될 수 있습니다. 근육은 이만큼 우리의 일상에 깊숙이 들어와 중요한 자리를 차지하고 있는 것이지요. 65세를 넘기며 노인이 되고 난 이후 운동으로 근육량을 늘리려는 방법보다는 30대부터 꾸준히 운동 습관을 들여 근육량을 늘리고 유지하여 노인이 되어서도 근감소의 속도를 늦추는 방법이 훨씬 더 현명한 방법일 것입니다. 어쩌면 바로 이 방법이야말로 가장 지혜로운 노후 준비일 수도 있겠습니다.

참고로 여기에서 말하는 근육은 골격근Skeletal muscle을 말합니다. 우리 몸의 근육은 세 가지가 있는데요. 골격근, 심장근Cardiac muscle, 평활근Smooth muscle입니다. 우리가 움직일 수 있고 키울 수 있는 근육은 골격근에 해당하지요. 이제 골격근의 발생을 살펴보도록 하겠습니다.

골격근의 발생

골격근은 중배엽에서 기원합니다. 외배엽과 내배엽Endoderm 중간에 있는 중배엽은 위치에 따라 네 가지로 나뉩니다. 첫 번째, 골격 발생의 중심인 척삭Notochord을 형성하는 축중배엽Axial mesoderm. 두 번째, 신장 및 생식선을 형성하는 중간중배엽Intermediate mesoderm. 세 번째, 심장, 혈관, 혈액세포, 골반, 팔다리뼈를 형성하는 외측중배엽Lateral plate mesoderm. 그리고 마지막으로, 체절을 거쳐 골격근, 피부 중 진피, 연골 같은 여러 연결 조직을 형성하는 근축중배엽Paraxial mesoderm입니다.

골격근은 근축중배엽에서 곧장 만들어지지 않고 체절이라는 중간 단계를 거칩니다. 체절은 잠시 생겨났다 사라지는 이른 배아 시기에서만 관찰되는 일시적인 기관입니다. 근축중배엽 덩어리 정도로 생각하셔도 됩니다. 체절은 배아의 좌우 하나씩 대칭을 이루며 두 개가 생성됩니다. 머리에서 항문으로 이어지는 축을 타고 한 분절씩 차근차근 생겨나며 길어진답니다. 체절은 피부분절Dermatome, 근육분절Myotome, 뼈분절Sclerotome, 그리고 힘줄분절Syndetome로 나뉩니다. 여기서 우리가 관심 있는 골격근은 근육분절에서 생기게 되지요.

골격근으로 발달하기 전에 근육분절을 이루는 세포들은 먼저

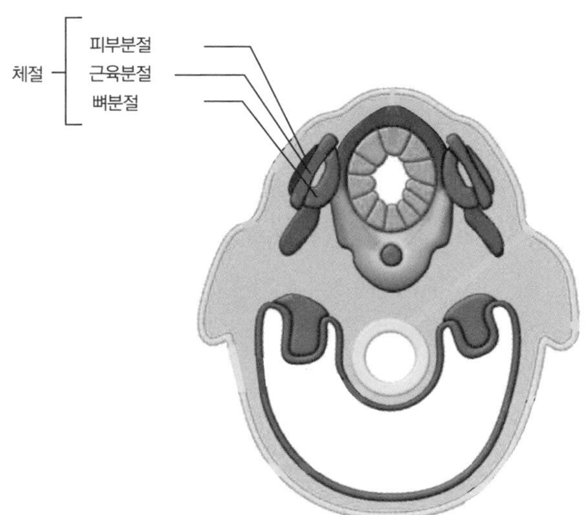

임신 4주차 때 배아의 체절

세포의 핵과 몸통 길이를 늘려서 근모세포Myoblast로 분화합니다. 근모세포는 세포분열을 거듭하는 동시에 융합되어 길쭉한 다핵 원통형 근섬유Myofiber를 형성합니다. 하나의 근섬유는 하나의 근육세포를 뜻하는 것이고 근섬유의 다발이 모여 비로소 우리가 아는 근육조직을 형성한답니다.

몸을 보면 과거가 보인다

누군가가 제게 했던 말이 떠오릅니다. 마흔이 넘은 사람들은 그 사람의 몸만 잘 살펴봐도 부지런한지, 자기 관리를 잘하고 있는지를 대충 파악할 수 있다고요. 마흔이 넘어 노화를 본격적으로 겪고 있는 사람들이 과체중 혹은 비만 양상을 보이지 않고, 특히 복부 비만이 없으며, 서 있는 모습이 중심을 잘 잡은 바른 자세이고 허리와 목이 휘지 않았으며 근육이 잘 형성되어 있으면 십중팔구 그 사람은 자기 관리에 남다른 신경을 쓰고 있다는 것입니다. 상당히 일리가 있다고 생각했습니다. 무엇보다 몸은 말하지 않고도 많은 것을 말해 주는 기관이라는 사실을 인정하지 않을 수 없었습니다.

그렇습니다. 몸은 한 사람의 과거의 흔적을 고스란히 간직하고 있습니다. 외모를 보고 사람을 함부로 판단하면 안 되겠지만, 그 사람의 생활 습관은 그 사람의 체형으로 절반 이상은 추측할 수 있지요. 인바디 기계를 다들 한 번씩은 측정해 보셨으리라 생각합니다. 요즘엔 건강검진할 때도 인바디를 측정합니다. 신장과 체중만이 아니라 체성분까지 분석해 주는 좋은 장치이지요. 무엇보다 근골격량과 지방량을 알 수 있어서 유용합니다.

과거엔 신장과 체중 같은 양적인 수치만으로도 한 사람의 건강을 가늠할 수 있었는데 (과거엔 잘 먹지 못해 비쩍 마른 사람들은 존재했어도 마른 비만은 거의 찾기 힘들었지요), 먹고사는 것이 풍족해진 이 시대엔 근골격량과 지방량 같은 질적인 부분까지 살펴봐야 제대로 그 사람의 상태를 파악할 수 있게 된 것입니다. 생활 습관과 식습관의 변천이 만들어낸 기이한 현상이지요.

연예인들의 날씬한 몸매를 부러워하며 그들처럼 똑같이 살을 빼겠다는 다짐 자체는 잘못되었다고 말할 수는 없겠지요. 그러나 그렇게 살을 빼는 방법이 단식하거나 극도로 소식하는 것이라면 그건 바람직하지 않다고 말할 수 있겠습니다. 힘들게 힘들게 살을 뺄 수 있겠지만, 엄밀히 말해서 체중은 줄일 수 있겠지만, 그렇게 빼는 살은 대부분 근육이라는 사실을 간과하면 안 되겠습니다. 날씬해 보이기 위해 스스로 자기 몸의 근육을 제거하는 행위를 하는 것과 같기 때문입니다. 그렇게 해서 탄생하는 것이 바로 최근 들어 많이 발견되는 마른 비만인 것이지요.

무엇이 더 중요한지 진지하게 생각해 봐야 할 것입니다. 날씬한 모습이 나쁠 건 없지만 그 날씬함이 건강미가 아니라 허약미를 나타낼 뿐이라면 그것은 결국 본인에게 득이 아니라 해가 되는 것임을 직시해야 합니다. 운동 습관을 꼭 들여서 건강한 날씬함을 얻으시길 기원하겠습니다.

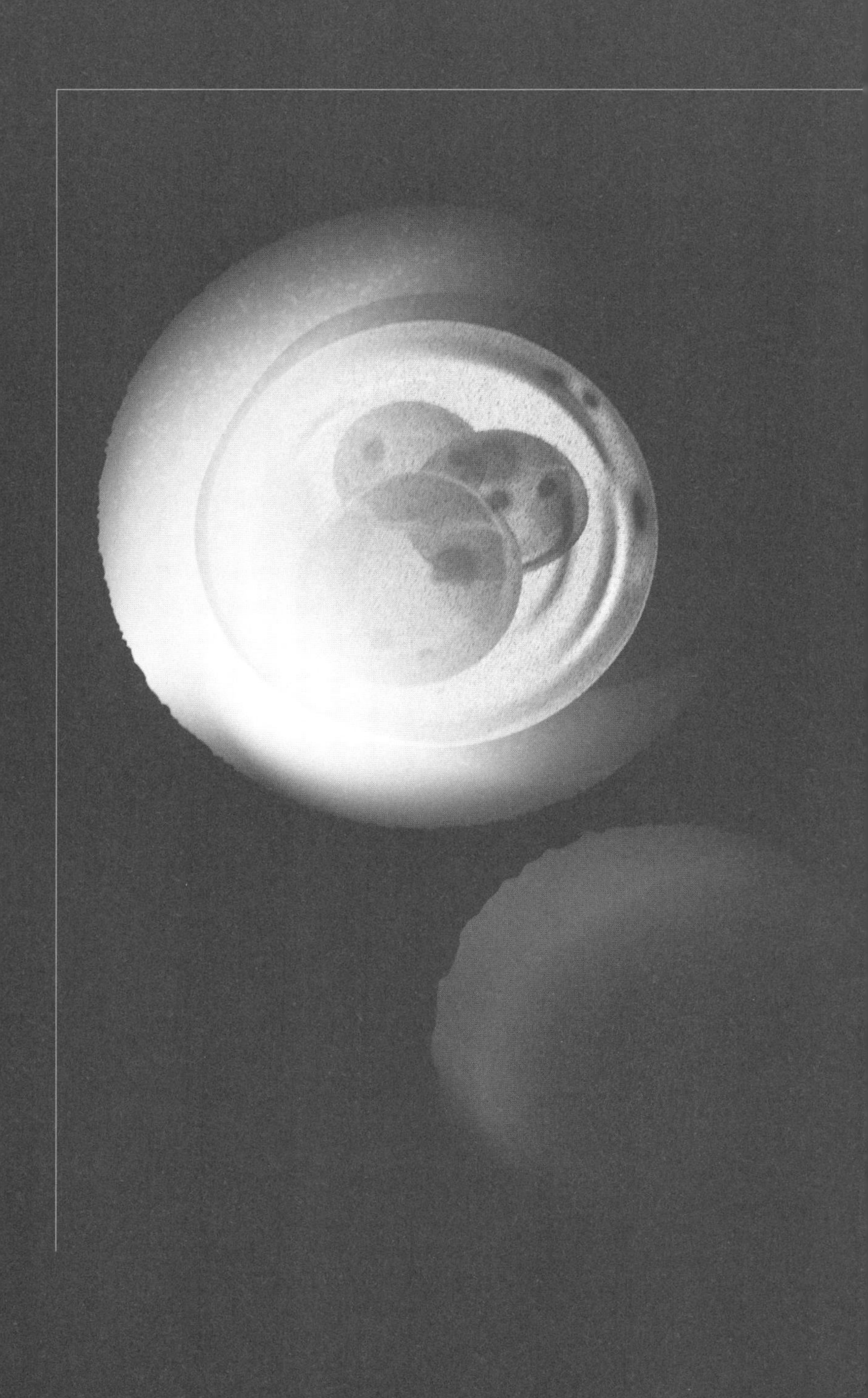

Lesson II.

세포의 두 얼굴, 암부터 당뇨까지

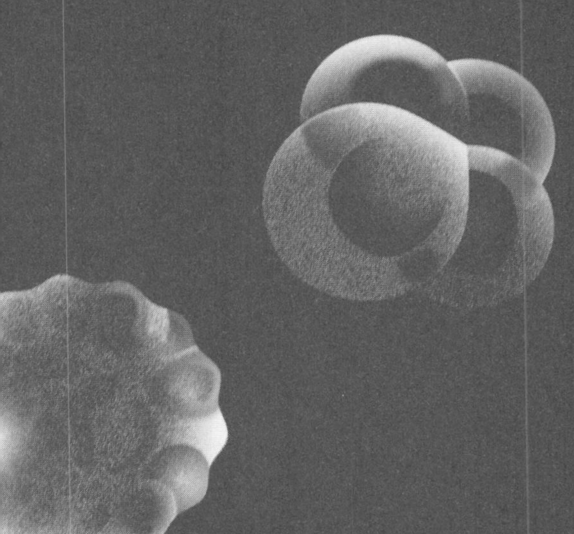

나이가 든다는 것은
얼마나 오래 살았는지가 아니라
얼마나 많은 삶을 끌어안았는지에 있다.

- 소피아 로렌*Sophia Loren*

Note

탐욕스러운 암세포들처럼 되지 않으려면

모든 사람은 나이가 듭니다. 그러나 모든 사람이 암이나 질환에 걸리지는 않습니다. 노화는 암과 질환의 원인으로 많이 지목되지만 유일한 원인은 아닙니다. 〈Lesson I〉이 노화 현상을 겪는 모든 사람에게 시선을 두었다면, 〈Lesson II〉는 노화 현상과 더불어 암이나 질환으로 고생하는 우리의 이웃에게 초점을 맞춥니다. 〈Lesson II〉를 이루는 다섯 가지 이야기는, 소수이지만 우리 가운데 늘 존재하는 이들의 이야기이기도 합니다. 어쩌면 지금 이 글을 읽고 있는 분들의 이야기일지도 모르고, 또 어쩌면 머지않은 미래 여러분의 이야기가 될지도 모릅니다.

통계청에서 제공하는 〈사망원인별 사망률 변화〉 자료에 따르면,

암은 적어도 1983년부터 2024년까지 한국 사망률의 단연 1위를 차지해 왔습니다.[1] 국가암정보센터에서 제공하는 주요 암종별 사망률(남녀 전체)을 보면, 2023년에 암으로 사망한 사람은 총 8만 5,271명이며, 전체 사망자인 35만 2,511명 중 24.2퍼센트에 해당합니다.[2] 암으로 사망에 이르는 사람이 네다섯 명 중 한 명꼴로 존재한다는 말입니다.

당연한 말이겠지만, 암 발생률은 사망률과는 다릅니다. 의학과 과학의 발달에 따라 암에 걸리더라도 완치가 되는 경우가 많아졌기 때문입니다. 국가적인 암 조기 진단으로 초기에 암을 제압하는 경우도 많아졌기 때문이겠지요. 노화는 암으로 인한 사망률보다는 암 발생률에 더 영향을 미치게 됩니다. 그러므로 노화를 기본 전제로 하여 암과 질환을 살펴보는 〈LessonⅡ〉에서 우리가 관심을 둘 항목은 사망률이 아닌 암 발생률 혹은 유병률이 되겠습니다.

암 발생률 대부분은 노화의 정도에 비례합니다. 다양한 암의 종류를 따지지 않더라도 나이 들수록 암에 더 잘 걸린다는 말입니다. 이것은 상식적으로도 어렵지 않게 받아들일 수 있으며, 노화가 암의 발병 원인으로 주목받는 근본적인 이유가 됩니다. 그러나 똑같이 노화를 겪어내면서도 암에 걸리지 않는 사람 수가 걸리는 사람 수보다 여전히 더 많습니다. 이는 암의 발병에는 노화 말고도 더 중요한 원인이 존재한다는 사실을 말해 줍니다.

그 원인은 두 가지로 생각할 수 있습니다. 하나는 유전적인 요인이고, 다른 하나는 환경적인 요인입니다. 이 두 가지 요인의 복합적인 작용은 정상세포의 DNA에 돌연변이를 만들어냅니다. 그런데 그 돌연변이가 생긴 부위가 하필 중요한 유전자 내부이거나 그 유전자를 조절하는 곳일 경우 그 유전자의 과발현 혹은 발현 상실을 일으키게 됩니다. 이것이 바로 정상세포가 암세포로 발전하게 되는 대표적인 기전입니다.

암뿐만이 아니라 여러 질환도 유전자의 변이 때문에 생기는 경우가 많습니다. 우리는 일반적으로 암이나 질환을 해당 환자가 보여주는 거시적이고 가시적인 특징만으로 알고 있습니다. 그러나 그 특징들은 모두 겉으로 드러나지 않고 우리 눈에 보이지 않는 미시적인 세포 단위에서 시작되는 것입니다. 암은 암세포에서, 질환은 그 질환을 일으키는 어떤 세포에서 시작되는 것이지요. 그리고 그 세포가 속한 조직이나 기관이 제 기능을 하지 못하게 되고 결국 몸이 망가지게 되는 것입니다.

발생생물학적인 착안은 이렇게 그동안 우리가 보지 못했던 부분까지 세심한 마음으로 돌아보게 해줍니다. 우리가 아플 때 먹는 약이나 맞는 주사도 기초과학자들이 발생학적인 관점, 즉 세포와 조직 혹은 기관과 개체 순으로 우리 몸 안에서 일어나는 여러 화학 및 물리 작용들을 연구해서 밝혀낸 소중한 결과에 기반한다는 사실을 기억하면 좋겠습니다. 그리고 이것은 우리가 겉모습만 관심을 둘 게 아니라 우리의 내부 장기와 그 장기를 이루는 세포들에도 관심을 두어야 하는 이유가 될지도 모르겠습니다.

현미경을 통해서야 비로소 보이는 작디작은 세포들은 모두 수정란에서부터 하나씩 생겨났습니다. 단 하나의 세포가 그 시작이었습니다. 그 하나의 세포가 분열하여 수를 늘리고, 그렇게 해서 생겨난 여러 세포가 서로 신호를 주고받으며 정해진 곳으로 이동하고 분화하여 특정 기능을 하게 됩니다. 그렇게 해서 하나의 조직 혹은 기관이 생성되고, 그 다양한 조직과 기관들이 하모니를 이루며 드디어 하나의 개체가 완성되는 것입니다. 그 개체 중 하나가 바로 여러분과 저 같은 사람이지요. 모든 사람은 하나의 세포에서 시작되었으며 세포로 구성된 존재입니다.

세포 하나의 중요성을 숙고하면서 정상세포와 암세포, 혹은 질환을 일으키는 세포의 상관관계를 생각해 봅니다. 한때 정상세포였던 암세포는 원래 하던 기능을 제대로 하지 못하게 되고, 욕심 많은 아이처럼, 혹은 나누지도 쓰지도 않고 오직 축적하기 위한 탐욕으로 돈을 모으기만 하는 사람처럼 산소와 영양분의 공급 통로인 혈관을 자기에게로 끌어들이게 됩니다. 자기와 똑같은 클론을 무한히 복제해 내기 위해서 말이지요. 이것이 오로지 팽창만이 목적인 암세포의 운명이자 정체성입니다.

이렇게 처음에 하나였던 암세포는 독식하며 팽창을 거듭하게 되고 급기야 암 덩어리가 됩니다. 암 덩어리가 커진다는 건 바로 이런 세포 단위에서의 활동이 가시화된 현상이랍니다. 진단과 치료를 하지 않으면 결국 몸 전체에 이상이 오고 최악의 경우 죽음을 맞이하게 되지요. 암세포는 그저 최선을 다해 살려고만 했는데, 그 암세포가 거주하는 숙주는 사망에 이르게 되는 것입니다. 마침내 암세포 역시 죽게 되는 파국을 맞이하는 것이지요. 공멸인 것입니다.

인간세계에서도 비슷한 양상을 봅니다. 특히 암이나 질환의 발병이 노화 과정에 진입한 사람들에게서 더 높다는 사실까지 생각하면 저는 소름이 돋을 정도로 그 닮음에 놀라게 됩니다. 탐욕에 가득 차고, 소통하지 않고 무한히 이기적이며, 독식하려 하며, 권위적으로 모든 공간을 자기로만 도배하려고 하는 암세포의 모습이 텔레비전이나 뉴스나 신문을 통해 들려오는 인간의 추악하고 파렴치한 모습과 겹칩니다. 그런데 그들이 공교롭게도 노화 과정을 본격적으로 겪어내고 있는 부와 권력을 가진 40대, 50대 이상의 남성일 경우가 허다합니다. 그런 암세포와 같은 사람들 때문에 우리 사회 전체가 어둡게 보이는 결과를 초래하는 것이지요. 안타까운 현실입니다.

앞서 안 늙을 수는 없다고 말씀드렸습니다. 그래서 잘 나이 들어야 한다고도 말씀드렸습니다. 이를 발생생물학적으로 세포 단위에서 말해 본다면, 정상세포의 기능을 충실히 하면서 세포 노화를 겪어내는 것이야말로 잘 나이 드는 비결이라 할 수 있습니다. 태어나기 전부터 가지고 있던 유전적인 요인 때문에 취약한 부분들을 미리 잘 파악하고 조심하면서 일상을 살아가는 것, 그리고 몸과 정신의 건강을 해치는 환경에서 벗어나 일상을 살아내는 것, 바로 이 두 가지를 삶에서 적극적으로 실천하는 것이 그 비결일 것입니다. 그렇지 않으면 나이가 들어가면서 점점 우리 몸 안에서는 암세포, 혹은 질환을 일으키는 세포가 생겨날 확률이 높아지게 될 것입니다.

우리 모두는 암이나 질환에 걸리지 않고 건강을 유지하며 늙기를 바랍니다. 노화에서 자유로울 수는 없지만 유전과 환경이 가해오는 영향력을 최대한 줄여나갈 수는 있습니다. 부디 이 글을 읽는 모든 분은 암과 질환에서 가능한 거리를 두고 건강하게 노화를 끌어안고 즐기게 되시길 간절히 소망합니다.

뇌

알츠하이머와 파킨슨병을 피할 수 있을까

내 머릿속의 지우개

지금으로부터 약 20년 전인 2004년 개봉작 〈내 머릿속의 지우개〉를 혹시 보셨나요? 저는 보면서 펑펑 울었답니다. '수진' 역을 맡은 손예진과 '철수' 역을 맡은 정우성의 출중한 외모도 물론 한몫을 톡톡히 담당했겠지만, 스토리 전개가 가슴을 먹먹하게 했기 때문에 기억에 강하게 남아 있습니다. 수진은 철수와의 결혼 전부터 건망증이 심했습니다. 결혼 후 점점 심해졌지요. 결국 수진은 병원에 가서 공식적인 진단을 받습니다. 다음은 영화 속 의사의 대사입니다.

"수진 씨는 알츠하이머병에 걸렸어. 좀 지나면 아무것도 못하게 되지. 내가 누군지 다 지워지게 되는 거야"

수진은 오열했습니다. 이제 겨우 스물일곱인데, 인생의 절반도 살지 않았는데, 그리고 비로소 사랑하는 남자와 결혼해서 행복하게 살기 시작했는데 모든 걸 잊어버리게 되고 누군가의 도움 없인 아무것도 못하게 된다니요. 수진의 마음이 전해져서 도저히 울지 않을 수 없었습니다.

수진은 철수를 너무나도 사랑한 나머지 헤어지자고 말합니다. 아직 창창한 나이인데 치매에 걸린 아내를 두고 평생을 살아야 하는 명징한 사실 앞에서 가슴이 무너졌던 것이지요. 기억이 사라지면 영혼도 사라진다고 말하는 수진에게 철수는 영혼이 왜 사라지냐고, 내가 네 기억이고 네 마음이라고 말합니다. 서로의 깊은 사랑이 확 전해지는 순간이었습니다.

알츠하이머병에 걸려도 초기에는 온전한 기억이 가끔 돌아온다고 합니다. 바로 그때 수진은 자신을 찾지 말라는 편지를 남기고 집을 떠나 요양원으로 향합니다. 철수는 기어이 찾아내지요. 그러나 수진은 철수를 알아보지 못해요. 억장이 무너지는 순간인 것이지요. 철수는 수진과 처음 만났던 장소로 그를 데려가서 그의 기억을 되살리려고 시도해 봅니다. 그래서 함께 차를 타고 고속도로를 달리는데, 영화는 이 장면을 비추면서 마무리되지요. 과연 수진과 철수는 어떻게 되었을까요?

알츠하이머병의 비극

'치매' '노망' 등 여러 이름으로 불리는 뇌 질환 중 가장 흔한 경우가 바로 앞에서 영화로 예를 들었던 알츠하이머병입니다. 65세 이상 노인에게서 발병률이 급격하게 증가하는 퇴행성 질환 중 하나입니다. '퇴행성'이라는 단어에서 알 수 있듯 세포가 서서히 죽어가는 질환인 것입니다. 알츠하이머병의 경우에는 뇌세포가 기능을 서서히 상실하며 죽어가는 것이지요.

〈내 머릿속의 지우개〉라는 영화에서 수진이 알츠하이머병을 진단받기 전에 건망증이 심한 것을 보여줬는데, 건망증이 항상 알츠하이머병의 전 단계인 것처럼 오해하시면 곤란합니다. 순간적으로 기억을 잘 못하는 것은 스트레스나 여러 심리적 요인 때문에 일어나기도 하는 자연스러운 현상이기 때문입니다. 알츠하이머병은 병원에 가서 전문가의 공식적인 진단을 받아야 하니 섣불리 자신이 치매에 걸렸다거나 걸릴 것 같다고 두려워하는 어리석음은 피하시길 바랍니다.

알츠하이머병 환자는 기억력 감퇴는 물론 언어장애, 사고 능력 저하, 학습 능력 저하 등의 인지 장애를 겪습니다. 혼란, 우울증, 조울증 등의 심리 장애까지 반드시 뒤따르게 된다고 합니다. 무엇보다 알츠하이머병으로 진단을 받게 되기까지는 일반적으로 많은 시간이 소요된다고 합니다. 어떤 특정한 한 가지 이유가 발병 원인으로 규명되지 않았기에 여러 인자를 모두 종합해서 고려해야 하기 때문입니다. 게다가 그 인자들이란 오랜 시간에 걸쳐 서서히 진행되어 온 의학적 자료들이라 알츠하이머병에 걸렸다고 해서 영화에서처럼 곧바로 공식 진단을 선고받진 않습니다. 그래서 알츠하이머병에 걸렸다는 선고를 받게 되었다면, 이미 병이 꽤 진행된 상태일 가능성이 큽니다.

이 질환의 발병률은 노화와 비례하긴 하지만 정상적인 노화의 열매가 아니기 때문에 누구나 걸리는 것은 아닙니다. 물론 어떤 사람이 이 질환에 걸리게 되는지에 대해서는 아직 현대 과학과 의학으로는 예측할 수 없다고 합니다. 원인이 무엇인지조차 사실 여러 가설이 난무할 뿐 뾰족한 정답이 없어 묘연한 상태라고 할 수 있습니다. 더욱 불행한 것은 치료법이 현재로서는 없다는 것입니다. 그래서 알츠하이머병에 걸렸다면 서서히 뇌와 관련된 여러 장애를 하나둘씩 겪다가 어느 순간 간병인의 도움 없이는 생활이 불가능한 상황을 겪게 되고 급기야 사망에 이르게 됩니다. 통계를 보면 알츠하이머병 환자들의 평균 수명은 진단 후 10년을 넘기지 못한다고 합니다.[3]

놀라운 사실 하나는 알츠하이머병 환자들은 먼 과거가 아닌 가까운 과거부터 잊게 된다는 점입니다. 〈내 머릿속의 지우개〉에서도 수진이 남편인 철수를 결혼하기 전 옛 애인으로 대하는 장면이 나오는데 저는 이 장면에서 억장이 무너졌답니다. 수년 전의 기억보다 불과 수개월 전의 기억을 더 빨리 잊어버리는 것이지요.

원인 불명, 파킨슨병

파킨슨병Parkinson's disease은 알츠하이머병처럼 퇴행성 뇌 질환에 해당하지만, 기억을 잃는 증상이 아니라 손발이 떨리고, 몸이 굳어지고, 행동이 느리고, 표정이 없고, 걸음걸이가 이상해지며, 자꾸 넘어지는 증상이 나타납니다. 파킨슨병이라는 이름은 알츠하이머병의 경우와 마찬가지로 이 병을 처음으로 소개한 의사의 이름을 따서 지은 것인데요. 알츠하이머병을 최초로 소개한 독일의 정신과 의사의 이름이 알로이스 알츠하이머Alois Alzheimer였고, 파킨슨병을 최초로 소개한 영국 의사 이름이 제임스 파킨슨James Parkinson이었답니다.

파킨슨병 역시 유전적인 원인이 아니라면 노년층에서 주로 발생합니다. 이 병은 중뇌의 흑색질이라 불리는 부위의 도파민세포가 점점 사멸해 가면서 발생합니다. 유전적인 이유도 있고 환경적인 이유도 있겠지만, 흑색질 신경세포의 변성 원인은 아직 명확하게 밝혀지지 않았습니다. 이처럼 뚜렷한 발병 원인을 모를 때 '특발성Idiopathic'이라는 말을 사용하는데, 거의 모든 파킨슨병이 이러한 특발성에 해당합니다.

뇌와 신경세포의 발생

뇌야말로 다른 종들과 비교해서 인간이 가지는 가장 차별적인 부위일 것입니다. 인간은 동물이지만 동물과 다른 고유한 특성을 가지지요. 그 고유한 특성은 대부분 뇌라는 기관에서 직간접적으로 비롯되는 것이랍니다. 신생아의 뇌세포 개수는 1,000억 개 이상이라고 합니다. 과학자들의 계산에 따르면, 이 개수에 다다르기 위해서는 처음 신경세포가 생긴 이후로 배아와 태아 시기에 평균 분당 약 25만 개의 세포를 새롭게 만들어야 한다고 합니다. 또 뇌의 100조 개 정도의 상호 연결은 뇌의 속도와 정교함을 위한 물리적 기반을 제공합니다. 그런데 애초에 이렇게 복잡한 네트워크가 어떻게 만들어지게 되는 걸까요? 수정란에서부터 이미 이렇게 복잡하고 정교한 과정에 대한 디자인이 다 되어 있었다고 생각하면 생명이란 경이 그 자체가 아닌가 싶습니다. 자, 그럼 뇌와 신경세포는 어떻게 생겨나는 것인지 살펴보겠습니다.

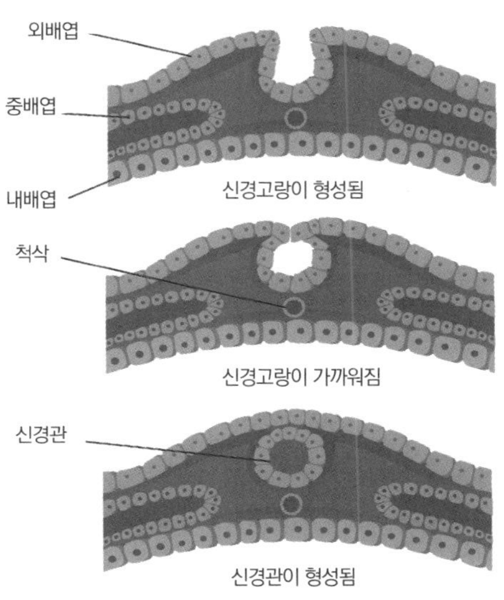

외배엽이 신경관을 형성하는 과정

뇌는 우리의 가장 바깥쪽 피부를 이루는 상피와 함께 외배엽에서 만들어집니다. 처음에는 넓적한 하나의 판으로 존재하던 외배엽은 판 양쪽 끝부분이 위를 향하여 이동하고 (그러면 자연스럽게 가운데 부분은 아래로 처지는 꼴이 됩니다) 서로 만나게 되면서 가운데 부분은 둥글게 말리는 동시에 아래로 뚝 떨어져 나와 원통형 신경관Neural tube이 됩니다. 신경관 바로 위에서 만난 양쪽 끝부분은 하나의 판으로 합쳐지면서 상피가 되고요. 그리고 상피와 신경관 사이에 있는 일련의 세포들이 신경능선세포가 됩니다. 하나였던 외배엽이 이렇게 세 가지로 구분되는 과정은 신비 그 자체랍니다. 이렇게 하나의 세포 수정란에서 점점 세포 수가 늘어나고 종류도 다양해지면서 조직과 기관을 갖추게 되는 것입니다. 배아 발생은 정말 놀라운 과정이지요.

초기 신경관은 전후 축을 따르는 직선으로 길쭉한 원통형 구조물처럼 생겼습니다. 앞에서부터 차례대로 전뇌Forebrain, 중뇌Midbrain, 후뇌Hindbrain, 그리고 척수Spinal Cord가 발생하게 됩니다. 전뇌는 대뇌반구Cerebral hemispheres를 형성하게 되고, 중뇌는 동기부여, 움직임, 우울증에 관련된 신경세포로 구성되며, 후뇌는 소뇌Cerebellum, 교뇌Pons, 연수Medulla oblongata로 발생합니다. 또 이렇게 세 가지 뇌에 이어, 역시 전후 축을 따르며 뒤쪽에서는 척수가 발생하게 됩니다. 조금씩 중추신경계Central nerve system를 만들어가고 있는 것이지요.

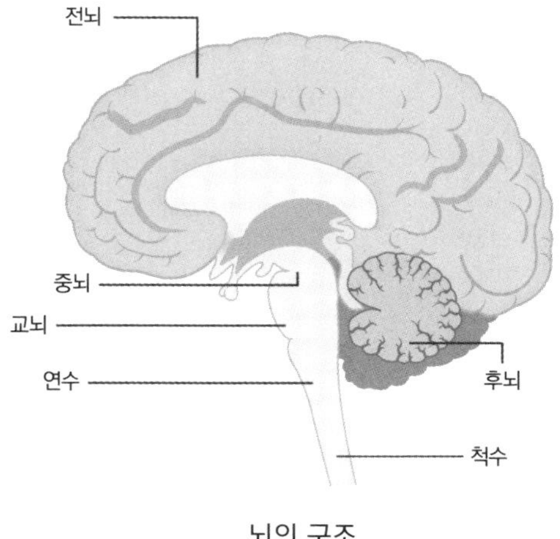

뇌의 구조

사람의 뇌는 대략 1,300억 개에서 2,000억 개의 세포로 이루어진다고 합니다. 세포의 종류도 다양합니다. 이렇게나 다양하고 많은 세포는 모두 신경관을 이루는 다능한 신경상피세포Neuroepithelial cell에서 비롯된답니다. 신경상피세포는 초기 배아 단계에서만 존재하고 궁극적으로는 모두 중추신경계 발달 및 뇌척수액 생성과 흐름에 중요한 역할을 하는 뇌실막세포Ependymal cell와 대뇌피질의 모든 뉴런을 생성하는 방사형아교세포Radial glial cell로 변형됩니다. 그리고 바로 이 방사형아교세포가 신경줄기세포Neural stem cell로 작용하게 됩니다. 마침내 뇌와 척수를 이루는 모든 신경세포를 만들며 중추신경계를 완성할 수 있게 되는 것입니다.

과학자들 대부분은 얼마 전까지만 해도 뇌의 급격한 발달이 배아와 태아를 거쳐 갓난아이 상태일 때 멈춘다고 알고 있었습니다. 재미있게도 비교적 최근에 밝혀진 바에 따르면, 우리의 뇌는 이차성징이 일어나는 사춘기에 이르기까지 조금씩 지속해서 자란다고 합니다. 또 뇌의 여러 영역마다 성장 속도가 다르다고 합니다.

그러나 안타깝게도 사춘기가 지나면서 뇌의 발달은 멈춥니다. 물론 신경세포 간 시냅스를 다듬는 일은 지속해서 일어난다고 합니다. 기억은 성인이 되어 만들어지기도 하고 소멸하기도 하는 것이니까요. 이렇게 뇌의 발달이 멈추는 시기는 우리가 새로운 언어를 배울 때 어려워지는 시기와 일치한다고 합니다. 아이들이 새로운 언어를 배우는 능력이 성인보다 뛰어난 이유가 여기에 있을지도 모르는 것이지요. 사춘기 이전에 여러 언어를 접하고 배워두는 것도 발생생물학을 안다면 실천할 수 있는 한 가지 좋은 팁이라고 생각합니다. 성인이 되고 나서 외국어를 배우기에는 발생학적으로 이미 어려운 상태가 되어 있을 테니까요. 그러고 보면 발생학적 지식이 없는 우리 어르신들의 '머리가 말랑말랑할 때'라는 표현은 틀린 말은 아니었던 셈입니다.

지혜롭게 나이 들기

제 나이가 이제 50에 가까워지니 지인들이 전해주는 경조사 중에 결혼식이 아닌 장례식의 비율이 압도적입니다. 아주 가끔 제 나이 또래나 비슷한 연배의 지인들이 안타까운 죽음을 맞이하기도 하지만, 대부분은 그들 부모님의 사망 소식입니다. 다행인지는 잘 모르겠지만, 대부분은 평균 수명 80세 언저리에 돌아가셨습니다. 최근에 제가 다녀온 지인들의 부친상에서 들은 이야기입니다만, 사인이 공교롭게도 모두 심장마비였고, 제가 미처 참석하지 못했던 다른 두 번의 부모상에서는 각각 암과 치매였습니다. 제가 최근에 겪은 어르신들의 죽음 중 4분의 1이 치매였던 것입니다. 알츠하이머병이었지요.

알츠하이머병에 걸린 어머니를 거의 10년 가까이 모신 지인의 이야기를 들었습니다. 처음에는 집에서, 이후에는 요양원에서 모셨는데, 아들을 알아보지 못하는 어머니를 어떻게 대해야 할지 막막했다는 말을 들었습니다. 현재로서는 누가 알츠하이머병에 걸릴지 예측할 수 없습니다. 뇌·심혈관 질환이나 당뇨, 혹은 각종 암의 경우는 유전이나 생활 습관 및 식습관으로 어느 정도 발병 위험도를 가늠할 수 있겠지만, 알츠하이머병의 경우는 아주 드문 유전적인 경우를 제외하면 아무도 미리 알 수 없는 상황이랍니다. 이 말은 당장 이 글을 쓰는 저에게도, 혹은 이 글을 읽는 여러분이나 여러분의 부모에게도 일어날 수 있는 일이라는 말이지요. 알츠하이머병에 걸린 부모를 모시는 일이 얼마나 힘든지를 떠나서 그 일이 나에게 벌어진다는 생각만으로도 진지해지게 됩니다.

안타까운 사실은 알츠하이머병의 원인이 명확하지 않기 때문에 예방 역시 분명하지 않다는 점입니다. 그저 우리가 할 수 있는 일들은 다른 모든 암이나 질환들의 예방책과 같습니다. 생활 습관과 식습관을 건강하게 유지하고 스트레스를 잘 관리하는 것이지요. 이 중에서도 저는 특히 잠을 잘 자는 것에 무게를 두고 싶습니다. 2021년 국제 학술지 〈네이처 커뮤니케이션Nature communications〉에 실린 한 연구에 따르면, 약 8,000명의 중장년층을 25년간 추적 관찰한 결과, 일곱 시간 이상 잠을 잘 잔 사람보다 여섯 시간 이하로 짧게 잔 사람의 알츠하이머병 발생 위험이 약 30퍼센트 높은 것으로 나타났다고 보고되었기 때문입니다.[4] 잠을 잘 못 자는 이유는 수만 가지가 있을 것입니다. 이 역시 대부분은 생활 습관과 식습관, 그리고 스트레스에 좌우되겠지요. 밤늦게까지 일을 하거나, 밤늦게까지 음식을 섭취한다거나, 스트레스가 많아 깊은 잠을 충분히 취하지 못하는 상황은 현재 우리 주위에서도 쉽게 찾아볼 수 있으니까요.

참 어려운 것 같습니다. 이 각박한 시대에 어떻게 하면 지혜롭게 나이 들 수 있을까요? 정답은 없습니다. 아니, 이미 우린 정답을 알고 있는지도 모릅니다. 편리하고 향락적인 삶에 저항하며 건강한 습관 길들이기를 멈추지 않고 단순한 삶을 지향하며 사는 것. 누구나 할 수 있지만, 아무나 해낼 수 없는 일일 것입니다. 이 글을 읽는 여러분은 꼭 지혜롭게 나이 드시길 기원합니다.

위, 대장

암을 좌우하는 세포들의 비밀

내시경과 용종의 추억

만으로 마흔을 넘긴 지 7년이 지났음에도 저는 최근에서야 건강검진에서 위·대장 내시경을 받을 수 있었습니다. 서른 후반부터 11년간 미국에서 지냈기 때문입니다. 수면 내시경으로 진행하니 정말 눈 깜짝할 사이에 끝나 있더군요. 저는 제가 잠드는 줄도 몰랐습니다. 그냥 눈 한 번 감았다 떴을 뿐인데 위·대장 내시경이 벌써 끝났더라고요. 정말 신기한 경험이었습니다.

검사가 끝나고 수납할 때 이야기를 들었습니다. 위에서 한 개, 대장에서 세 개의 용종을 떼어냈다고요. 아차 싶었습니다. 다행히 크기는 직경 1센티미터보다 작아서 큰 걱정을 할 필요는 없다고 했습니다. 그 말을 듣고 살짝 위로를 받긴 했지만 제 20대와 30대 시절에 함부로 먹고 함부로 생활하며 건강을 해치던 나날들이 떠올라 기분이 마냥 좋진 않았습니다. 대학생, 대학원생 시절에 저는 세 끼를 먹긴 했으나 아침, 점심, 저녁이 아니라 점심, 저녁, 야식으로 하루를 보냈답니다. 학업과 연구로 정신적인 스트레스를 받으며 늦게 자기도 하고, 그렇다고 충분히 자지도 않았으며 맥주도 자주 마시면서 저는 그 당시 저에게 주어졌던 한 번뿐인 젊음을 그렇게 탕진해 버렸던 것입니다. 위에는 염증도 있다고 했습니다. 헬리코박터균도 있다고 했고요. 다음 해 건강검진에서도 위·대장 내시경을 반드시 받으라고 강력한 권고를 받았습니다. 수납대에서 후회가 밀려오더군요. 20대, 30대 때 건강에 신경을 썼더라면 어땠을까 싶은 미련이 그날 저의 마음을 가득히 채웠답니다.

위·대장 내시경의 목적은 조기에 암을 발견하는 것입니다. 암이란 게 조기에 발견하는지, 못 하는지에 따라 치료 성공률이 급격히 달라지기 때문입니다. 사망률도 상당히 줄일 수 있지요. 제가 용종을 떼어낸 것도 모두 암으로 발전할 수 있는 일말의 여지마저 미리 제거하기 위해서였던 것입니다. 혹시 아나요? 그때 내시경 검사를 받지 않고 용종을 제거하지 않았다면 그 용종이 암으로 발전했을지도요. 참고로 한국은 국가암검진 프로그램의 일환으로 만 40세 이상에게 2년에 한 번씩 위 내시경을 받을 수 있도록 지원하고 있답니다. 이런 기회를 꼭 활용하셔서 혹시 모를 암을 조기에 발견하여 건강한 노후를 만끽하시길 바랍니다.

위암 발병률

위Stomach는 입으로 섭취하고 식도Esophagus를 통과한 음식물을 잠시 저장하면서 물리적인 운동과 위액 분비를 통한 화학적인 작용으로 음식물을 잘게 부수고 분해하여 소장Small intestine으로 전달하는 소화 기관 중 하나입니다. 위샘Gastric gland에서 분비되는 위액은 투명하고 약간 점성이 있으며 강산성을 띠는 액체입니다. 위샘은 주세포Chief cell, 벽세포Parietal cell, 점액세포Mucus cell 등 여러 종류의 상피세포로 구성되어 있습니다. 주세포는 소화 효소인 펩신을, 벽세포는 염산을, 점액세포는 점액을 각각 분비합니다. 이 외에도 호르몬을 분비하는 다른 세포들이 있습니다. 위액 속의 염산을 위산이라고도 합니다. 위산은 단백질 소화에 필요한 분해 효소인 펩신의 활성화를 도울 뿐 아니라 살균 작용도 해서 위로 유입된 세균을 제거하는 기능도 담당합니다.

국가암정보센터의 통계에 따른 한국의 암 발병률을 보면 2005년까지는 남녀 구분 없이 위암이 단연 1위였습니다.[5] 남성의 경우에는 위암이 2017년부터 그동안 꾸준히 2위를 지키고 있던 폐암에게 1위를 내어준 뒤 2위로 떨어지고, 2011년부터는 더 늘지 않고 감소하는 모습을 보입니다. 여성의 경우에는 2005년이 지나면서부터 갑자기 갑상샘암이 무서울 정도로 가파르게 증가하여 압도적인 1위를 차지하게 됩니다. 유방암도 꾸준히 증가하여 2015년이 지나면서 갑상샘암을 제치고 1위를 탈환하게 됩니다. 위암은 오히려 감소하여 2021년에는 유방암, 갑상샘암, 대장암, 폐암에 이어 5위를 기록했습니다. 남녀 모두에서 한때 압도적 1위를 차지하던 위암의 발병률이 해마다 조금씩 줄어들고 있는 이유는 아마도 내시경의 일반화로 인한 위암의 조기 발견이 한몫을 톡톡히 담당했을 것입니다. 또 위암의 주요 원인 중 하나로 손꼽히고 있는 헬리코박터균의 감염률도 감소했기 때문일 것입니다.

위암이란 말 그대로 위에 생기는 암을 뜻합니다. 다른 기관들처럼 위 역시 많고 다양한 세포로 구성됩니다. 원칙적으로 모든 세포는 암을 생성할 수 있기 때문에 위를 구성하는 모든 세포로부터 생기는 암을 위암이라고 부를 수 있습니다. 하지만 현실에서 주로 발생하는 위암의 종류는 한정적입니다. 위점막을 이루고 있으며 분비 기능을 가지고 있는 선(샘)상피세포Glandular epithelial cell에서 기원하는 위선암Gastric adenocarcinoma이 대표적입니다. 위선암을 제외한 다른 위암으로는 드물게 림프조직에서 발생하는 림프종Lymphoma, 위의 간질세포에서 발생하는 간질성 종양Gastrointestinal tumor, 비상피성 세포에서 유래하는 악성종양인 육종Sarcoma, 그리고 호르몬을 분비하는 신경내분비암Neuroendocrine tumor 등이 있습니다.

위암의 원인으로는 가족력, 짜거나 탄 음식을 먹는 식습관, 흡연, 음주, 그리고 헬리코박터균 등이 있습니다. 한국인들은 열 중 대여섯 명이 헬리코박터균에 감염이 되어 있다고 합니다. 이 말은 헬리코박터균에 감염이 되었다고 해서 항상 위암에 걸리지는 않는다는 뜻입니다. 그러나 이 균에 감염된 사람은 위암에 걸릴 확률이, 감염되지 않은 사람에 비해 두세 배 높다고 합니다. 이는 1.5배에서 두 배 위암 발생을 증가시키는 흡연, 지나친 음주보다도 더 위험한 요인인 것이지요. 그러므로 내시경 검사에서 헬리코박터균에 감염되었다고 진단을 받으시면 꼭 의사와 상담하여 제균 치료를 받으시길 권고합니다.

놀랍게도 위암은 초기에는 별다른 증상이 없다고 합니다. 속 쓰림 증상이 간혹 있을 뿐이거나 아무런 증상이 없기도 하답니다. 하지만 진행성 위암의 경우, 상복부의 팽만감, 동통, 소화불량, 식욕부진, 체중 감소, 빈혈 등의 증상이 나타날 수 있다고 합니다. 또 위암이 진행되면서 복통과 구토 증상, 위장관 출혈 등의 증상이 찾아오게 됩니다. 40대 이후에는건강검진 제도를 적극적으로 활용하여 위 내시경을 2년마다 꼭 받으시길 부탁드립니다.

대장암 발병률 1위, 대한민국

대장Large intestine에서는 음식물 분해를 하지는 않습니다. 입, 위, 소장에서 이미 끝냈기 때문입니다. 대신 대장의 주된 일은 수분을 흡수하고 음식물 찌꺼기로 변을 형성해 저장했다가 내보내는 것입니다. 놀랍게도 대장에는 700종 이상의 세균이 서식합니다. 이 다양한 세균들이 여러 물질을 만들어내는데, 여기에는 소량의 비타민(비타민 B군, 비타민 K 등)도 포함된답니다. 또 박테리아는 소장에서 소화되지 않은 다당류를 지방산으로 바꾸어 대장에 흡수시킵니다. '좋은' 박테리아인 셈이지요.

국가암정보센터에 따르면, 대장암은 여성의 경우에는 1999년부터 2021년까지 큰 변화가 없는데 반해, 남성의 경우에는 1999년에 암 발병률 4위에서 2005년에 3위로 올라서고 2011년에 폐암과 공동 2위를 차지하더니 그 이후로는 감소하는 추세입니다.[6] 위암의 발병률이 감소하는 시기와 겹치는 점으로 보아 내시경의 일반화 덕분에 조기에 암을 발견하여 치료했거나 용종 제거와 같이 암으로 발전할 수 있는 여지를 미리 없앴기 때문일 것입니다.

한 가지 주목해야 할 사실이 있습니다. 국제 학술지 〈란셋Lancet〉에 실린 한 논문에 따르면, 조사한 42개국 중 한국의 20대에서 40대의 대장암 발병률은 인구 10만 명당 12.9명으로 세계 1위를 기록했다고 합니다.[7] 세계 1위라니요. 자살률도 세계 1위인데 말이지요. 상식적으로 서구화된 식습관이 대장암의 가장 큰 원인이라고 알려져 있는데, 10만 명당 11.2명으로 2위를 차지한 호주나, 각각 10만 명당 열 명으로 3위를 차지한 미국과 슬로바키아보다 더 높은 발병률을 보였다는 것은 이례적인 일이라 할 수 있겠습니다. 단순히 식습관만으로 설명할 수는 없다는 말이지요. 여전히 한국의 젊은 층에서 대장암 발병률의 급한 상승을 설명할 뾰족한 방법이 없는 실정이랍니다.

그러나 짐작할 수는 있습니다. 한국은 인터넷 보급률이나 속도가 세계 최고를 자랑하고 있지요. 남녀노소 할 것 없이 어느 장소를 막론하고 누구나 스마트폰으로 인터넷에 접속한 모습을 어렵지 않게 볼 수 있습니다. 스마트폰에서 발생하는 전자파가 문제일 수도 있겠지만, 그것보다는 스마트폰이나 컴퓨터 등을 사용하기가 다른 나라보다 쉽고 과거에 비해 온라인에서 보내는 시간이 급격하게 늘어남과 동시에 자연스럽게 움직임이 줄어들어 결국 운동 부족 현상을 일으키지 않았나 싶습니다. 온라인에서의 활동은 자극적일 경우가 많고, 중독이라 할 수 있을 만큼 일상으로 깊숙이 침투해 있습니다. 이런 생활을 하다 보면 식습관은 아무래도 편하게 빨리 해치울 수 있는 패스트푸드나 간편 조리 음식에 익숙해지게 되지요. 칼로리 섭취는 늘어나는데 움직임은 줄어드는 기이한 현상이 벌어지게 된 것입니다. 삶의 편리함을 십분 활용하고 있는 세대가 바로 20대에서 40대인데요. 대장암 발병률의 급격한 상승과 공교롭게도 일치하고 있는 것이지요. 결국 식습관과 생활 습관의 문제인 것입니다.

대장암 역시 위암처럼 대장을 이루는 여러 세포에서 비롯될 수 있지만, 가장 대표적인 대장암은 위암과 마찬가지로 대장 점막을 이루는 상피세포에서 생기는 선암Adenocarcinoma입니다. 그 밖에 림프종, 악성 유암종, 평활근육종 등이 존재합니다.

대장암도 초기에는 별 증상이 없다고 합니다. 다음과 같은 증상이 나타난다면 이미 암이 상당히 진행된 상태일 가능성이 큽니다. 다음은 국가암정보센터에서 말하는 대장암 주요 증상입니다.[8]

1 **갑자기 변을 보기 힘들어지거나 변 보는 횟수가 바뀌는 등 배변 습관의 변화.**
2 **설사, 변비 또는 배변 후 변이 남은 듯 무지근한 느낌.**
3 **혈변**(선홍색이나 검붉은 색) **또는 끈적한 점액 변.**
4 **예전보다 가늘어진 변.**
5 **복부 불편감**(복통, 복부 팽만)**.**
6 **체중이나 근력의 감소.**
7 **피로감.**
8 **식욕부진, 소화불량, 오심과 구토.**
9 **복부에서 덩어리 같은 것이 만져짐.**

물론 젊은 층에서 대장암 발병률이 급증했으나 일반적으로 대장암은 위암보다 발병 시기가 조금 늦다고 알려져 있습니다. 그래서인지 정부에서는 국가암검진 프로그램의 일환으로 만 50세 이상의 남녀에게 분변 잠혈 검사를 매년 제공합니다. 검사에서 이상이 보이면 대장 내시경을 받도록 권유하고 있으니, 기회를 놓치지 마시기 바랍니다.

소화 기관의 발생

소화 기관들은 처음에는 하나의 긴 관으로 모습을 나타냅니다. 인두Pharynx 뒤쪽의 소화관Digestive tube은 수축하여 식도를 형성하고, 이어서 위, 소장, 대장이 차례로 이어집니다. 위는 인두에 가까운 장의 확장된 부위로 발생하고, 장은 더 뒤쪽에서 발생합니다.

이 긴 관을 원시내장관Primitive gut tube라고 하는데요. 원시내장관은 수정 후 3주 차에 내배엽세포Endoderm cell들이 중배엽세포Mesoderm cell들로 둘러싸인 채 속이 빈 원통형 관으로 형성됩니다. 내배엽세포들이 이루는 면은 배아의 앞쪽과 뒤쪽 끝에서 복부 방향으로 늘어나고 접혀서 난황낭Yolk sac과 합쳐진 후 하나의 폐쇄된 관을 형성합니다. 원시내장관은 입에서 가까운 쪽부터 전장Foregut, 중장Midgut, 후장Hindgut, 이렇게 세 부분으로 나뉩니다.

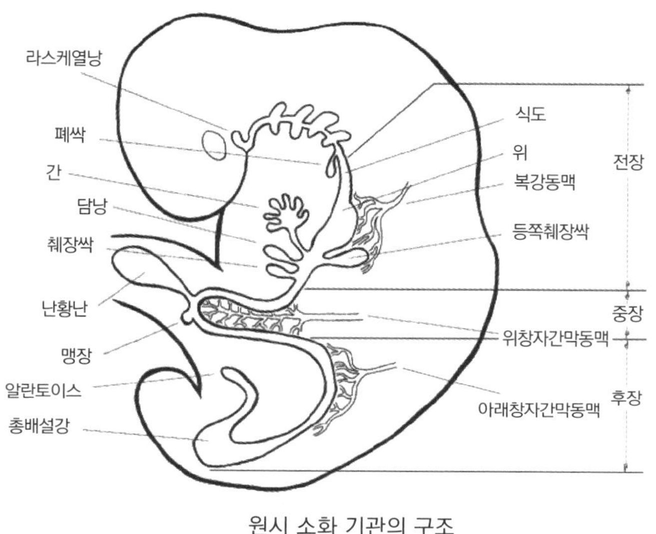

원시 소화 기관의 구조

전장은 이후에 식도Esophagus, 위Stomach, 간Liver, 담낭Gallbladder, 담관Bile duct, 췌장Pancreas 및 근위십이지장Proximal duodenum을 발생시킵니다. 중장은 원위십이지장Distal duodenum, 공장Jejunum, 회장Ileum, 맹장Cecum, 충수돌기Appendix, 상행결장Ascending colon 및 횡행결장Transverse colon 근위* 3분의 2를 차지하는 부위로 발생합니다. 그리고 후장은 횡행결장의 나머지 원위** 3분의 1을 차지하는 부위, 하행결장Descending colon, 구불결장Sigmoid colon 및 상부항문관Upper anal canal으로 발생한답니다. 하나의 긴 관이 이렇게나 여러 가지의

* 신체의 정중선에 가장 가까운 조직 부분.

** 신체의 정중선에서 가장 먼 조직 부분.

소화 기관으로 분화하게 되는 것입니다.

식습관이 세포까지 바꾼다

마흔이 넘으니 소화불량에 시달리는 사람들이 주위에 현저히 많아졌다는 사실을 알게 됩니다. 저도 예외는 아닙니다. 이젠 저녁에 과식하면 다음 날 힘들답니다. 20대, 30대 때만 해도 정말 왕성한 식욕을 자랑하던 저였는데 말이지요. 물론 그런 식습관 때문에 몇 년 전 위·대장 내시경에서 용종을 총 네 개나 떼어낸 것 같습니다. 마구잡이로 먹으며 그땐 괜찮다고 여겼는데, 결국 괜찮지 않았다는 것이 증명된 셈입니다. 잘못된 식습관은 우리 몸 안에, 특히 소화 기관 내부에 흔적을 남기는 것이지요. 아니 땐 굴뚝에 연기가 날 리가 없을 테니까요.

장기간의 잘못된 식습관은 우리 몸의 소화 기관을 이루는 여러 가지 세포들이 변성될 가능성을 높입니다. 특히 짜고 맵고 탄, 자극적인 음식들을 자주 섭취하게 되면 위벽이 손상되거나 발암물질을 체내로 주입하는 효과와 유사해 암 발생 확률을 높이게 됩니다. 우리의 현재 식습관을 점검해 볼 필요가 있습니다.

비록 여러분이 늘 듣던 말이고 지겨울 정도로 익숙한 말이지만, 의사가 권고하는 식습관으로 우리 몸을 길들일 수 있도록 오늘부터라도 시작하시는 게 어떨까요? 이왕이면 운동도 다시 하고 말이지요. 과거의 흔적을 진지하게 마주하고 객관적으로 자신을 점검하면서 새로 도전해 보는 겁니다. 건강한 노후를 위하여 다들 용기내시길 기원합니다.

췌장

혈당 관리 전에 알아야 할 당뇨 이야기

당뇨병 인구 600만 시대

이젠 당뇨라는 단어를 너무도 흔하게 들을 수 있는 시대가 되었습니다. 불과 50년 전만 하더라도 한국에서 거의 들을 수가 없던 단어였지요. 2005년 〈대한내과학회지〉에 보고된 한 논문에 의하면, 한국의 1970년대 당뇨병 유병률은 전체 인구의 약 2퍼센트 정도밖에 되지 않았다고 합니다. 그러나 점차 증가하여 1990년대 초부터 10퍼센트에 육박했다고 합니다.[9] 대한당뇨병학회에서 2022년에 발표한 한 자료에 따르면, 2020년 기준 30세 이상 성인 여섯 명 중 한 명(16.7 퍼센트)이 당뇨병이 있었습니다.[10] 성별로는 남성이 여성보다 1.5배 정도 유병률이 더 높았습니다. 한편,

65세 이상 노인에서 당뇨병 유병률은 10명 중 세 명(30.1퍼센트)이었습니다. 또 연령이 증가할수록 당뇨병 인구는 많아졌습니다. 모든 연령대에서 남성이 여성보다 유병률이 더 높았습니다.

2024년 한국의 당뇨병 인구는 600만 명을 넘어섰다고 합니다. 심히 우려되는 점 중 하나는 20대와 30대의 당뇨병 유병률이 가파르게 증가하고 있다는 사실입니다. 건강보험심사평가원 통계에 따르면 2020년 기준 30대 당뇨병 인구는 4년 전보다 25.5퍼센트 늘었고, 20대 당뇨병 유병률은 약 47퍼센트나 늘어 심각한 증가가 나타났습니다.[11]

뿐만이 아닙니다. 더욱 심각한 것은 소아 당뇨의 유병률도 상승하고 있다는 사실입니다. 당뇨가 성인병이라는 인식이 무너지고 있는 실정이지요. 건강보험공단 자료를 분석한 연구에 따르면, 2002년과 비교하여 2016년 1만 명당 당뇨병 유병률이 5세에서 9세 5.65배(0.198명), 10세에서 14세 6.39배(2.84명), 15세에서 19세 5.34배(9.88명) 증가했다고 합니다.[12] 가뜩이나 아이를 낳지 않는 시대에 접어들었는데 그들 중 많은 수가 어릴 때부터 당뇨에 시달리게 된다니요. 정말 걱정스러운 일이 아닐 수 없습니다.

한국의 당뇨병 유병률이 해마다 증가하는 이유는 먼저 고령 인구의 증가를 들 수 있습니다. 과학과 의학의 발달 때문에 평균 수명이 늘어난 결과이지요. 그리고 소아 비만의 증가를 꼽을 수 있습니다. 또 서구화된 식습관을 빼놓을 수 없을 것입니다. 인스턴트식

품과 패스트푸드가 일상화되면서 칼로리가 높은 음식을 쉽게 섭취할 수 있게 되었고, 우리가 인식하지도 못한 사이에 과체중과 비만을 유도합니다. 물론 국가적인 조기 검진 사업의 성황으로 당뇨병 인구가 수면 위로 드러났다는 점도 간과해서는 안 될 것입니다. 일상이 바빠지면서 운동은 여가 생활 정도로 격하되었고, 그에 따라 편리함의 이기라고 할 수 있는 스마트폰에 중독이 되는 생활 습관 역시 비만과 당뇨의 원인으로 자리 잡았습니다. 더욱 우려되는 것은 이러한 현상이 일종의 자연스러운 문화가 되어, 무엇인가 잘못되었다는 성찰 없이 당연한 일상으로 여겨지고 있는 현재 상황입니다.

여러분은 이러한 문화에서 자유로우신가요? 비만과 당뇨에서 해방되는 단순하고 건강한 가장 좋은 방법은 적게 먹고 많이 움직이는 것입니다. 그 반대로 살아가는 이 시대에 여러분은 혹시 저와 함께 저항하고 싶지 않으신가요? 아이들에게 건강한 생활 습관과 식습관을 알려주는 가장 좋은 방법은 부모님들이 먼저 그렇게 사는 것이지 않을까 합니다. 오늘부터 편리함에 저항하고 건강함을 지향하는 삶을 시작하면 어떨까요?

당뇨와 인슐린의 상관관계

그렇다면 당뇨란 무엇일까요? 정확한 용어 정의부터 살펴보겠습니다. 당뇨라는 단어 자체에 그 답이 있습니다. 한자어로 '당糖'과 '소변小便'이지요. 당이 섞인 소변을 지칭합니다. 정상적인 소변에는 당이 없거나 극미량만 존재해야 한답니다. 그러나 당뇨병이 심한 사람의 소변에는 당이 많아 소변이 탁하고 끈적끈적한 모습을 띠게 됩니다. 소변은 우리 몸이 신장을 이용하여 혈액을 여과하고 몸 밖으로 내보내는 노폐물인데요. 당뇨병 환자의 경우 신장이 여과 및 재흡수를 할 수 있는 한계를 넘어설 정도로 혈액에 당이 많기 때문에 소변에 당이 섞여 나오는 것입니다. 이는 곧 당뇨병 환자들의 혈액 안에는 소변보다 더 많은 당이 존재한다는 것을 의미하기도 하지요.

참고로, 방금 살펴봤듯이 소변에 당이 섞여 나오는 데에는 과도한 혈당 이외에도 신장의 기능도 한몫을 담당하게 됩니다. 다시 말해서, 당뇨병 환자들도 신장의 기능을 초과할 정도로 혈당이 높지 않은 상태라면 소변에서 당이 검출되지 않을 수도 있다는 말입니다. 반대로, 당뇨병 환자가 아니더라도 즉, 혈당이 높지 않더라도 신장의 기능이 망가진 경우에는 소변에서 당이 검출될 수 있답니다. 그러므로 당뇨병을 정의하기 위해서는 소변이 아니라 혈액을 기준으로 삼아야 하는 것이지요. 요당이 아닌 혈당이 관건인 것입니다.

혈당이 높아지는 이유는 무엇일까요? 음식을 섭취하고 소화가 되면 탄수화물은 포도당으로 분해됩니다. 입으로 시작해서 장에 이르기까지 큰 분자가 작은 분자로 쪼개지는 과정이 바로 소화이지요. 이렇게 형성된 포도당은 혈액으로 흡수됩니다. 우리 몸의 모든 기관과 조직으로 영양분과 산소를 공급하기 위해 혈관이 존재하는데, 이 혈관 안에 끊임없이 흐르는 액체가 바로 혈액(피)이지요. 혈액에 흡수된 포도당을 혈당이라고 부른답니다. 그러므로 음식이 소화되고 혈액에 흡수되면 자연스럽게 혈당이 올라가게 되어 있는 것이지요. 당뇨병 환자만이 아닌 모든 사람에게 해당하는 현상이랍니다.

그런데 이렇게 자연스럽게 혈당이 올라가는 현상 이후에는 다시 그 혈당이 내려가는 현상이 따라오고, 그래야만 합니다. 당뇨병 환자가 아니라면 말이지요. 모든 세포가 우리 몸의 에너지원 중 하나인 포도당을 궁극적으로 흡수해야 합니다. 그리고 바로 이 과정, 즉 세포가 포도당을 흡수하는 과정에 꼭 필요한 것이 인슐린Insulin이라는 호르몬입니다.

인슐린이 포도당을 세포 속으로 흡수하는 과정이 차단되거나 원활하지 않게 되면, 혈액 내의 포도당, 즉 혈당이 계속 높은 상태로 유지될 수밖에 없겠지요. 자연스럽게 신장이 여과 및 재흡수를 할 수 있는 능력을 초과할 정도의 포도당 양은 소변으로 넘쳐 나오게 되는 것입니다. 바로 이런 병적인 상태를 당뇨병이라고 부른답니다.

세포가 포도당을 흡수하는 방법

이처럼 당뇨병은 인슐린의 문제가 생겨 혈당이 조절되지 못하는 질환인데요. 인슐린은 췌장(이자)Pancreas의 랑게르한스섬Islets of Langerhans, Pancreatic islets 안에 있는 베타세포Beta cell에서 분비되어 혈당을 낮추는 기능을 담당하는 호르몬입니다. 혈당을 낮춘다는 말은 곧 혈액 내에 둥둥 떠다니는 포도당을 세포 안으로 이동시킨다는 말과 같습니다. 우리가 먹은 음식이 소화되고 분해되어 결국 세포 속으로 들어가야 우리 몸이 에너지를 생성할 수 있는 것이지요.

그렇다면 인슐린은 어떻게 해서 세포가 포도당을 흡수하게 할까요? 인슐린은 세포 표면에 존재하는 인슐린 수용체에 결합하게 됩니다. 그러면 마침내 열쇠와 자물쇠가 만난 것처럼 세포 안에서 신호 전달이 일어나게 됩니다. 그 결과 중 하나가 바로 GLUT4라는 포도당 수송체Glucose transporter를 세포 표면으로 많이 옮겨 놓는 일이랍니다. 사람이 입을 통해 음식을 섭취하듯 세포도 포도당 수송체를 통해서 포도당을 흡수하는 것이지요. 즉 인슐린이 인슐린 수용체에 결합하지 못하면 세포가 포도당을 흡수할 길이 차단되는 것입니다. 인슐린의 중요성을 잘 알 수 있는 부분이지요.

인슐린 저항성

'인슐린 저항성Insulin resistance'이란 말 그대로 인슐린에 대한 저항이 생긴 상태를 뜻합니다. 인슐린이 정상적인 수준으로 분비되어도 그것과 상관없이 세포가 인슐린과 결합하지 못하거나, 결합한다 해도 효율적으로 그다음 신호 전달을 일으키지 못한다거나 하는 여러 가지 이유로 혈액 내 포도당을 흡수하지 못하게 되는 상태인 것입니다. 이런 상태에서는 주사로 인슐린을 체내에 더 넣어주어도 아무런 효과를 보지 못하게 되겠지요. 인슐린이 없거나 모자란 게 아니라 그것의 기능이 원활하지 못한 상태이니까요. 이러한 인슐린 저항성 때문에 높아진 혈당이 떨어지지 않게 되면 우리 몸은 인슐린이 부족한 줄 알고 더 분비하게 되는데, 이미 혈액 내에 많아진 인슐린과 더불어 인슐린 농도가 과다하게 되어 고인슐린혈증을 유도하게 됩니다. 혈액에는 포도당만이 아니라 인슐린까지 많아지게 된 것이지요.

제1형 당뇨병

당뇨병도 다른 질환처럼 간단하지가 않습니다. 당뇨병 환자라고 해서 다 같은 당뇨병에 걸린 것도 아니지요. 인슐린의 측면에서 크게 두 가지 형으로 구분됩니다. 인슐린이 췌장의 베타세포에서 만들어진다는 사실을 기억하시지요? 제1형 당뇨병은 바로 그 베타세포가 파괴되어 인슐린을 만들지 못하게 된 상태를 의미합니다. 베타세포의 파괴는 자가면역질환의 결과로 알려져 있는데, 발병은 보통 사춘기나 유년기에 시작된다고 합니다. 물론 성인에서도 발병되기도 한답니다. 제1형 당뇨병 환자들은 인슐린을 체내에서 만들어내지 못하기 때문에 주사를 통해 인슐린을 계속해서 공급해주어야 합니다. 정상적으로 혈당 조절을 하기 위해서는 말이지요.

제2형 당뇨병

제1형 당뇨병이 인슐린 생산 자체가 차단된 경우라면 제2형 당뇨병은 인슐린의 생성 자체는 문제가 없는 경우에 해당합니다. 대신 앞에서 잠시 살펴봤던 인슐린 저항성이 문제가 되는 경우이지요. 전체 당뇨병 인구 중 대부분이 바로 이 당뇨병을 앓고 있습니다. 보통은 40대 이상에서 발생하지만, 이젠 소아에게서도 발견될 정도로 발병 시기가 점점 앞당겨지고 있습니다.

제1형 당뇨병과 달리 제2형 당뇨병은 과체중과 비만뿐만 아니라 유전적인 성향도 강하고, 건강하지 못한 생활 습관과 식습관 등의 환경적인 요인까지 복합적으로 작용하여 일어나게 된답니다. 또 제2형 당뇨병은 대표적인 성인병으로 자리 잡았으며, 환자 수는 노화와 비례한다고 보고되어 있습니다. 한국 성인의 비만율은 체질량지수 기준으로 33퍼센트라고 합니다. 체질량지수를 기준으로 비만이 가장 많은 연령대가 남성의 경우에는 40대, 여성의 경우에는 60대이며, 복부 비만은 남녀 모두 60대에 가장 많다고 합니다. 또 2020년 노인 실태 조사에 따르면, 체질량지수 기준으로 한국 65세 이상 노인의 25퍼센트가 비만에 해당한다고 합니다.[13] 고령 인구가 점점 많아지고 있으므로 짐작하건대 현재에는 비만 인구가 훨씬 더 증가하지 않았을까 합니다.

당뇨가 불러오는 합병증

당뇨병은 그 자체로도 우리 삶에 함께하기 힘든 질환이지만, 당뇨병이 정말 무서운 이유는 합병증을 쉽게 유발하기 때문입니다. 당뇨병은 인슐린의 생성, 분비, 기능 문제로 혈당을 조절하지 못해 생기는 질환이지요. 혈당이 높은 혈액은 끈적끈적하게 되고, 혈관 손상을 일으켜 정상적인 혈류로 흐르지 못하게 합니다. 당뇨병은 결국 혈관 문제를 유발하게 되지요. 아시다시피 혈관은 우리 몸 모든 곳에 거미줄처럼 뻗어 있습니다. 당뇨병이 불러오는 합병증은 자연스럽게 심혈관 질환과 연결된답니다.

당뇨병에 의한 대표적인 합병증은 뇌혈관에 작용하여 생기는 뇌졸중Stroke, 눈 혈관에 작용하여 생기는 당뇨망막변증Diabetic retinopathy, 심장 혈관에 영향을 미치는 심장마비Heart attack 혹은 심부전Heart failure, 신장 혈관에 영향을 미치는 만성신부전Chronic renal failure 등이 있습니다.

췌장의 발생

췌장은 대략 임신 5주 차에 내배엽에서 형성되기 시작합니다. 처음에는 원시십이지장Primitive duodenum에서 나온 두 개의 돌출부로 모습을 나타냅니다. 우리에게 친숙한 췌장의 모습은 흐물흐물한 알파벳 J 모양의 하나의 기관이지만, 이른 배아 시기에 처음으로 드러나는 췌장의 모습은 두 개로 나눠진 모습인 것이지요. 나중에 하나로 융합되지만 말입니다.

두 개의 돌출부를 구분하는 방법은 상대적인 위치입니다. 보통

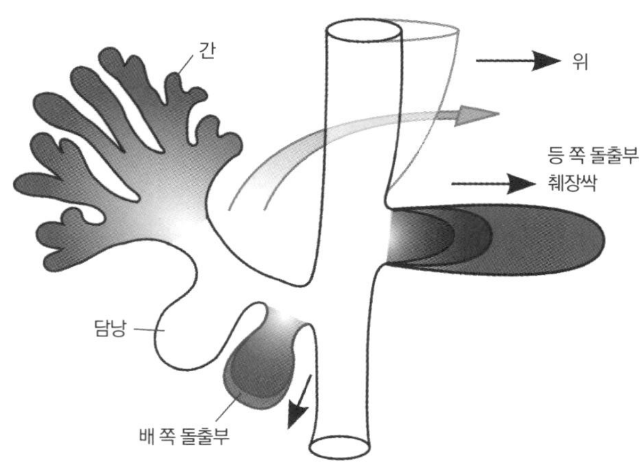

배아 시기 췌장의 구조

배아 시기의 원시 기관들은 낭배형성Gastrulation 시기에 형성되는 세 가지 축을 기준으로 해서 명명되곤 합니다. 세 가지 축은 전후Anterior-posterior, 등배Dorsal-ventral, 그리고 좌우Left-right 축입니다. 배아는 이렇게 낭배형성 시기에 세 가지 축을 가지면서 마침내 3차원 유기체로서 거듭나게 되는 것이지요. 꼬리가 없는 사람의 경우, 전후 축은 입에서 항문으로 이어지는 축이고, 등배 축은 앞면과 뒷면으로 이어지는 축이며, 좌우 축은 왼쪽과 오른쪽을 나누는 축입니다. 이리하여 원시췌장이라고 할 수 있는 두 개의 돌출부는 등 쪽 돌출부와 배 쪽 돌출부로 명명됩니다.

'등 쪽 돌출부Dorsal'는 '배 쪽 돌출부Ventral'보다 더 빨리 자라서 커집니다. 나중에 두 돌출부가 하나로 합쳐지게 되면 상대적으로 작은 배 쪽 돌출부는 췌장의 구상돌기Uncinate process와 머리의 아랫부분을 형성하게 되고, 상대적으로 큰 등 쪽 돌출부는 췌장의 몸통과 꼬리, 그리고 머리의 윗부분을 형성하게 된답니다.

각 돌출부 안에 생겨난 관들도 융합되는데요. 임신 7주 차가 되면 등 쪽 돌출부 안의 관이 배 쪽 돌출부 안의 관과 융합되어 비로소 췌장관을 형성합니다. 참고로, 임신 8주 차가 되면 췌장관은 쓸개에서 나오는 담관과도 합쳐져서 십이지장으로 연결된답니다.

췌장의 기능

췌장에서 분비되는 호르몬은 인슐린만 있는 건 아닙니다. 글루카곤Glucagon이라는 녀석도 있고, 소마토스타틴Somatostatin이라는 녀석도 있습니다. 모두 내분비세포Endocrine cell에서 생성되고 분비되는 호르몬들이지요. 췌장에는 내분비세포만 있는 것도 아닙니다. 외분비세포Exocrine cell도 존재합니다. 외분비세포는 키모트립신Chymotrypsin과 같은 소화 효소를 생산합니다. 참고로 내분비는 내분비세포가 분비한 호르몬이 직접 혈액으로 이동해 몸 내부를 순환하는 시스템을 말하고, 외분비는 외분비세포가 생산하는 물질들이 직접 혈액으로 분비되지 않고 특정한 관을 통해 조직이나 기관 밖으로 배출되는 시스템을 말합니다. 내분비세포에서 분비되는 물질이 호르몬이고, 외분비세포에서 분비되는 대표적인 물질은 땀, 침, 눈물, 젖 등이 있습니다. 췌장은 내분비 기관이기도 하고 외분비 기관이기도 한 것이지요.

베타세포의 발생

우리의 관심은 인슐린입니다. 췌장의 베타세포에서 만들어지는 호르몬이지요. 그렇다면 베타세포는 어떻게 만들어지는 걸까요? 앞서 언급했듯이 췌장에는 내분비세포도 있고 외분비세포도 있습니다. 생물학자들은 이 두 가지 세포가 하나의 전구세포에서 비롯되었다는 사실을 밝혀냈습니다. 단백질 코딩 유전자 중 하나인 Ptf1a이라는 전사인자*가 많이 발현하는 전구세포는 외분비세포로, 적게 발현하는 전구세포는 내분비세포로 운명이 갈리게 된답니다.

이렇게 해서 내분비세포로 운명이 결정된 전구세포는 다시 두 부류로 나뉘게 되는데요. 하나는 랑게르한스섬에서 베타세포와 델타세포를 만드는 전구세포이고, 다른 하나는 알파세포와 췌장폴리펩타이드세포Pancreatic polypeptide cell를 만드는 전구세포입니다. 전자와 후자는 상호배타적인 상태를 취하게 되는데요. 전자는 Pax4라는 전사인자Transcription factor를 발현하는 반면, 후자는 Arx라는 전사인자를 발현하게 되기 때문입니다. 한 걸음 더 나아가 전자가 MafA라는 전사인자를 발현하게 되면 마침내 우리가 관심 있어 하는, 인슐린을 분비하는 베타세포로 최종 분화하게 됩니다. 반대로 MafA를 발현하지 않는 전구세포는 델타세포로 분화하게 되지요. 세포의 운명이 어떤 전사인자를 발현하는지에 따라 이렇게 이분법으로 나뉠 수도 있는 것입니다.

정리하자면, 내배엽에서 기원한 췌장의 최상위 전구세포가 베타세포로 최종 분화하기 위해서는 몇 차례의 운명적인 선택을 받아야만 합니다. 먼저 Ptf1a가 적게 발현해야 내분비세포로 가게 되고, Pax4를 발현해야 베타 또는 델타세포로 분화할 수 있는 기

* DNA의 유전정보를 활성화하거나 억제하는 조절 단백질.

회를 얻게 되며, 마지막으로 MafA를 발현해야 마침내 베타세포가 되어 인슐린을 만들고 분비하게 되는 것입니다. 정말 정교하고도 신비롭지 않나요?

편리함에 저항하기

제 주위만 봐도 매일 운동하는 사람은 열 명 중 한 명 채 되지 않습니다. 미국에 거주할 땐 고도비만에 해당되는 사람들을 심심찮게 볼 수 있었습니다. 제가 미국에 11년을 거주하다 왔더니 한국에도 비만인 사람들의 비율이 눈에 띄게 늘어난 것을 알 수 있었습니다. 비만은 이미 시대적인 문제로 자리 잡은 것입니다.

이러한 변화는 과학기술 발달 때문에 삶이 점점 더 편리해지는 현상과 맥을 같이 합니다. 삶이 편리해지는 건 좋은데, 안타깝게도 항상 운동 부족 현상이 뒤따릅니다. 편리해지는 만큼 점점 더 움직이지 않는 일상을 살게 되는 것입니다. 여기서 한 번쯤은 생각해 보면 좋겠습니다. 과연 편리해진다는 게 무엇인지, 그것이 움직이지 않아도 되는 상태를 말하는 것인지 말이지요.

'배달의 민족'이라고 우스갯소리로 말하는 한국 특유의 배달 문화는 삶의 편리함을 증폭시키는 역할을 톡톡히 해내고 있습니다. 이 때문에 사람들은 점점 더 움직이지 않게 되고, 움직일 필요조차 느끼지 못하게 되어가고 있습니다. 배달시켜 먹는 음식은 주로 고칼로리 음식, 인스턴트 음식 혹은 자극적인 음식일 경우가 많습니다. 그리고 이런 일이 밤늦게 이뤄지는 경우도 많아 소화를 다 시키지 못한 채 잠드는 일상이 흔해지고 있습니다. 이 모든 변화는 비만을 유도하고 당뇨를 유발하기 쉬운 환경으로 사람들을 몰아가고 있는 것입니다.

편리함이 가져다주는 유익이 있습니다. 하지만 그 유익이 도를 지나치게 되어 이젠 잉여를 이루고 있지 않나 싶습니다. 그리고 그 잉여가 고스란히 우리들의 건강을 해치는 지름길이 되어가고 있는 것이지요. 할 수 있을 때 이런 지나친 편리함에 저항하는 것이 현명할 것입니다. 현재 우리가 누리고 있는 문명의 이기가 지나치다고 여기시는 것들이 있다면 과감하게 버리는 것도 좋은 방법 같아 보입니다. 예를 들어, 가까운 거리를 갈 때 굳이 차를 끌기 대신 걸어가기로 선택하는 것, 5층 이하의 층으로 이동할 때에는 엘리베이터 대신 계단을 이용하기로 선택하는 것 등이 있을 것입니다. 이렇게 일상에서 작게 실천할 수 있으면서도 편리함에 저항하는 운동이 어쩌면 우리를 비만과 당뇨에서 구원해 줄 통로가 될지도 모르겠습니다. 적어도 저는 그렇게 믿게 됩니다.

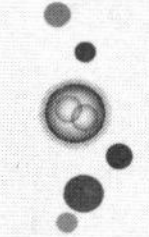

혈액

조혈모세포는 자신의 때를 기다릴 줄 안다

비련의 주인공이 앓는 불치병?

소설이나 드라마 혹은 영화 속 비련의 주인공들이 흔히 앓는 희소 질환 중 대표적인 건 아마도 백혈병이지 않을까 합니다. "사랑이란 결코 미안하단 말을 하지 않는 거야"라는 명대사를 남기고, 배경음악으로도 유명한 영화 〈러브 스토리〉의 주인공 제니는 백혈병으로 죽습니다. 한국 드라마 〈가을 동화〉에서도 배우 송혜교가 열연한 주인공이 마찬가지로 백혈병으로 생을 마감하며 시청자들의 눈물을 쏙 빼놓았었지요.

작가는 왜 비련의 주인공이 백혈병으로 죽어가게 설정했는지 혹시 한 번이라도 생각해 보신 적이 있으신가요? 해석은 저마다 다르겠지만, 적어도 저는 백혈병이 불치병이라는 전제가 가장 중요하지 않았나 싶습니다. 사랑하는 사람이 교통사고나 타살, 혹은 심장마비나 뇌졸중 등으로 돌연히 생을 마감한 상황에서 살아남은 사람이 떠난 사람을 그리워하고 가슴 아파하는 모습을 보여주는 것도 충분히 슬프고 아련한 감정을 자아낼 수 있지만, 사랑하는 사람이 어떻게 해도 고치지 못할 병에 걸려 고통을 느끼며 천천히 죽어가는 과정을 함께하는 것은 더욱 큰 슬픔을 자아낼 수 있으리라 생각하기 때문입니다.

어느 날 갑자기 찾아온 상실의 결과보다는 상대적으로 느리게 진행되는 상실의 과정에 주목하는 편이 독자나 관객의 공감도를 높여 작품에 더 몰입할 수 있게 하지 않을까 합니다. 죽음을 기억하는 것보다는 죽어가는 과정이 더 슬픈 법이지요. 또 이야기를 풀어나가는 데 있어서 과거가 아닌 현재에 초점을 맞출 수 있다는 것도 작가에겐 장점으로 작용할 것 같습니다.

그런데 이런 효과를 불러일으키기 위해서는 불치병이면 다 괜찮지 않을까, 굳이 백혈병이어야 할까 싶은 생각도 듭니다. 과거에는 암에 걸렸다고 하면 모두 불치병에 걸렸다고 여겼기 때문에 백혈병이 아닌 어떤 다른 암이라도 괜찮지 않았을까 싶거든요. 물론 앞에서 예로 든 〈러브 스토리〉라는 유명한 영화의 원작 소설이 주인공을 백혈병 환자로 설정했던 작품의 시초였기 때문에 그 이후의 많은 작품이 그 영향을 받았다는 주장이 사실일 것입니다. 주인공이 죽음을 맞이하는 건 가슴 아픈 일이지만, 그 이야기를 오롯이 담아낸 〈러브 스토리〉는 아름다운 작품으로 사람들의 기억 속에 길이 남아버린 것이지요. 아마도 많은 영화 시나리오 작가나 소설 작가들은 〈러브 스토리〉의 플롯을 차용하여 자기만의 아름다운 이야기를 만들어보고 싶은 욕망을 느끼지 않았을까 싶네요. 〈가을 동화〉의 작가 역시 이들 중 하나일 것이라는 의견은 그리 과한 짐작은 아닐 것입니다.

그렇다면 질문을 조금 바꿔보겠습니다. 〈러브 스토리〉의 작가 에릭 시걸은 왜 주인공 제니를 백혈병 환자로 설정했을까요? 다른 불치병도 있는데 왜 하필 백혈병이어야 했을까요? 정답은 에릭 시걸에게 물어보면 되겠습니다만, 이미 그는 고인이기 때문에 불가능할 테고 (안타깝게도 2010년 타계했습니다. 파킨슨병을 오래 앓았다고 합니다), 이런저런 추측을 하면서 백혈병을 비롯한 혈액암에 대해 알아보고 혈액세포의 발생에 대해서도 살펴보도록 하겠습니다.

혈액암의 두 가지 종류

고형암과 혈액암

백혈병은 혈액암 중 대표적인 질환입니다. 혈액암에는 앞에서 언급한 네 가지 백혈병 말고도 림프종이나 다발성골수종Multiple myeloma 같은 다른 질환도 있습니다. 혈액암Hematologic malignancy,

Blood cancer은 위암, 간암, 유방암 등의 암세포 덩어리로 이루어져 단단한 모양을 한 고형암Solid cancer과는 대조적으로 고체가 아닌 액체 상태의 악성 종양을 뜻합니다. 고형암의 경우는 전이가 되지 않는 한, 생겨난 그 자리에서 크기가 커지고 주위 환경을 바꾸는 등의 모습을 보이지만, 혈액암의 경우는 혈액, 즉 피가 흐르는 온몸 구석구석까지 혈관을 타고 자유로이 움직일 수 있는 특징이 있습니다. 그래서 혈액암에서는 '전이'라는 단어를 사용하지 않습니다.

하지만 전이 현상과 비슷하게 혈액암이 많이 진행된 경우 혈액 암세포는 간, 폐, 신장 등의 여러 장기 안에 침투하여 머물며 군데군데 군집을 이루기도 한답니다. 각 장기 안에 퍼져 있는 혈관을 타고 들어간 뒤 혈관을 빠져나와 그곳에 안착하는 것이지요.

고형암 중 여성에게서만 발병되는 유방암을 예로 들어보면, 전이가 일어나지 않은 상태일 때 항암제를 투여받다가 항암제가 잘 듣지 않게 될 경우 절제 수술이 먼저 진행됩니다. 암이 생겨난 부위와 그 근처를 크게 도려내는 것이지요. 다른 고형암보다 유방암 절제 수술이 훨씬 더 큰 시련으로 여겨진다는 것은 어렵지 않게 공감할 수 있을 것입니다. 고형암 대부분은 내부 장기를 절제하는 수술이라 겉에서 보이지 않지만, 유방암의 경우는 외관상 혹은 미용적인 측면에서 눈에 띄는 차이를 내기 때문입니다.

그래서 유방암 절제술을 받은 여성 중 일부는 성형수술로 그 차이를 보완하기도 한답니다. 만약 〈러브 스토리〉의 주인공 제니가 유방암이었다면 어땠을까요? 아마 영화는 낭만적인 부분에서 많이 삭감되었을 것 같은 생각이 듭니다. 그리고 그것 때문에 죽음에 이른다는 사실을 보여주기에는 백혈병보다 설득력이 부족하지 않았을까 싶습니다.

유방암 말고도 위암이나 대장암, 혹은 폐암이나 간암 같은 경우도 생각해 볼 수 있겠지만, 이런 고형암들의 생성은 주로 환경적인 요인이 많이 작용한다고 알려져 있으며, 적어도 마흔이 넘어야 발병될 확률이 높기 때문에 풋풋한 20대 청년에게 이런 암을 선사한다는 건 아무래도 억지스러운 면이 많습니다. 반면 백혈병은 고형암이 아니라서 암 덩어리라는 가시적인 실체가 존재하지 않지요. 바로 그 점 때문에 백혈병은 고형암보다 상대적으로 작가에겐 더 나은 소설적 장치로 보일 수 있지 않았을까 싶습니다. 분명 암인데 암 덩어리가 보이지 않는다는 점이 아이러니하게 여겨지기도 했을 것 같습니다. 동시에 보이지 않기 때문에 더욱 공포감을 불러일으키기도 했겠지요.

물론 그 당시 백혈병은 불치병의 대명사로 알려져 있었고, 지금도 상대적으로 다른 고형암보다 젊은 나이에도 걸릴 수 있는 암이랍니다. 고령에 비해 젊은 층에서 백혈병 유병률이 상대적으로 높습니다. 이런 면에서 제니가 불치병으로 생을 마감해야 하는 스토리 라인을 살리기 위한 목적으로 백혈병은 비교적 적절한 선택이지 않았나 싶습니다. 그러나 그 선택도 이 작품이 1970년대에 쓰였기 때문이랍니다. 현재 백혈병은 완치율이 상당히 높은 암 중 하나로 자리매김하고 있습니다.

백혈병의 완치율

21세기 현재 백혈병은 과거와 달리 완치율이 상당히 높아졌습니다. 모든 암과 마찬가지로 초기에 발견할수록 완치율이 높아지지만, 백혈병은 여러 종류가 있어서 종류에 따라 완치율이 달라집니다. 현재 의학계에서는 백혈병을 크게 네 가지 종류로 분류하고 있습니다. 먼저 혈액세포의 종류에 따라 두 부류로 나눕니다. 림프구성Lymphoid과 골수성Myeloid으로 말이지요. 그리고 급성인지 만성인지에 따라 다시 두 부류로 나눕니다. 이렇게 해서 총 네 부류가 되는 것이지요. 급성림프구성, 급성골수성, 만성림프구성, 만성골수성 백혈병으로 말입니다.

성인의 경우 급성골수성 백혈병과 급성림프구성 백혈병의 완치율은 50퍼센트를 넘긴다고 보고되어 있습니다. 만성골수성 백혈병의 경우는 거의 90퍼센트에 가까운 완치율을 보입니다. 만성림프구성 백혈병의 완치율 역시 80퍼센트를 웃돌고 있답니다. 과학과 의학의 발달로 인해 백혈병은 이제 100퍼센트 완치를 충분히 기대할 수 있는 혈액암이 된 것입니다. 항암제의 발전과 골수이식 방법의 개량으로 가능해진 것이지요.

그러므로 더는 소설이나 드라마, 영화 속 비련의 주인공이 앓는 병으로 백혈병은 적절하지 않다는 생각입니다. 이제는 불치병이 아니기 때문이지요. 우리는 과학과 의학이 발달하여 불치병이라는 단어가 점점 구석기시대의 유물처럼 인식되는 21세기에 살고 있습니다. 여러분이 만약 제2의 〈러브 스토리〉 작가라면 주인공에게 어떤 병을 선사하면 좋을까요? 어떤 병을 선사해야 '어쩔 수 없는' 상황으로 주인공들을 이끌어 그 속에서 깊은 감정을 끌어낼 수 있을까요? 참 난감한 질문이지요. 저는 더는 어떤 질병을 소재로 사용할 수는 없다고 생각합니다.

모든 사람은 죽고, 죽음은 모든 사람에게 불안을 선사합니다. 우리가 느끼는 존재론적 불안의 원인이 바로 죽음인 것이지요. 이 죽음으로 이르는 확실한 길 중 하나였던 백혈병을 포함한 암이라는 질환이 점점 사라지고 있는 것입니다. 존재론적 불안을 느끼게 하는 정예부대 요원이 하나 사라진 셈입니다. 그런데 참 이상하지요. 암이라는 거대한 적과 같았던 존재를 극복할 정도로 문명이 발달하여 많은 사람이 치유를 경험하고 수명을 연장하고 많은 것이 편리해진 이 과학 시대에 〈러브 스토리〉에서 느낄 수 있는 그 무엇이 점점 사라지고 있는 것 같은 이 느낌은 어떻게 설명하면 좋을까요?

조혈모세포의 발생과 노화

혈액암세포의 발생은 정상적인 혈액세포의 변이에서 시작합니다. 주로 모든 혈액세포를 만들어낼 수 있는 조혈모세포 혹은 그 바로 아래 단계의 미성숙세포가 염색체의 전위Chromosome translocation 혹은 DNA상의 돌연변이를 겪으면서 혈액암세포로 전환됩니다. 혈액암세포의 발생이 가능하기 위해서는 먼저 정상적인 혈액세포들이 존재하고 있어야 한다는 말이지요. 그렇다면 정상적인 혈액세포는 어떻게 생겨나는 걸까요?

우리 몸의 해결사, 조혈모세포

놀랍게도 우리는 하루에 평균 3,000억 개의 혈액세포들을 잃는 동시에 새로운 세포를 만들어 잃은 만큼을 대체하며 살아가고 있습니다. 혈액세포들은 비장에서 파괴되어 사라집니다. 대신 줄기세포에서 새롭게 대체되어 일정한 수를 유지하고 있습니다. 모든 혈액세포를 다 만들어낼 수 있는 세포를 조혈모세포Hematopoietic stem cell라고 부르며, 성인의 경우 조혈모세포는 주로 골수 안에 있습니다. 세포분열을 통해 줄기세포를 더 만들기도 하고, 분화 과정을 통해 여러 가지 혈액세포들을 만들어내기도 한답니다.

혈액암의 치료에서 마지막 방법에 해당하는 것이 골수이식입니다. 골수이식의 기본적인 원리이자 골수이식이 가능한 근본적인 이유 역시 조혈모세포의 존재입니다. 일정한 양의 골수를 기증자에게 제공받아 환자에게 이식하고 나서 면역반응이 일어나지 않는다면, 환자의 혈액세포는 기증자의 정상 혈액세포로 대체됩니다. 이식한 세포들 대부분은 얼마 지나지 않아 죽습니다. 그러나 조혈모세포와 더불어 소수의 미성숙세포들의 수명은 분화한 세포보다 길기 때문에 오래 살아남아 더 많은 세포를 만들어내게 됩니다. 특히 조혈모세포는 가장 오래 살아남아, 기증받은 환자의 수명과 함께 계속해서 건강한 혈액을 제공하게 됩니다.

아직 정확한 메커니즘은 알려지지 않았지만, 조혈모세포와 미성숙세포를 통한 혈액 생성이 어느 적정 수준에 이르게 되면 조혈모세포는 일선에서 빠져서 골수 안 깊은 곳에 있는 특정한 미세 환경에 자리하여 쉬게 됩니다. 대신 자신보다 한두 단계 능력이 감소한 세포들이 왕성한 혈액 생성을 담당하게 되지요. 그러다가 혈액이 급하게 필요한 상황, 예를 들어 출혈이 심하거나 혈액학적으로 비정상적인 상황에 빠지게 되는 경우에 놓이면 잠에서 깨어나 다시 왕성한 활동을 하게 된답니다. 조혈모세포 하나가 가지는 존재의 의미가 얼마나 크고 중요한지 알 수 있는 부분이라 할 수 있겠습니다.

조혈모세포의 발생

그렇다면 이렇게 혈액학적으로 신과 같은 존재인 조혈모세포는 언제 어디서 생겨나는 걸까요? 상식적으로 생각해 보면, 발생 과정에서 굉장히 이른 시기에 생겨나야 할 것 같습니다. 성체인 우리의 몸도 보이지 않는 내부의 구석구석에 혈액이 공급되지 않으면 산소와 영양분 부족으로 곧 사망에 이르게 됩니다. 수정란에서 수많은 세포분열과 분화를 거쳐 특정한 조직과 기관이 하나씩 만들어지는 과정에서도 마찬가지로 산소와 영양분이 공급되지 않으면 진행 자체가 되지 않을 것입니다. 세포가 분열하고 분화하고 움직이기 위해서는 에너지가 필요한 법이고 그 에너지의 가장 큰 공급원이 산소와 영양분일 테니까요. 곧 혈액을 타고 공급되는 것들이지요.

이런 이유로 조혈모세포의 기원을 살펴보면, 골수가 생겨나기도 전인 이른 배아 시기에 혈관내피세포의 어머니뻘 되는 특정한 세포Hemogenic endothelial cell에서 생겨난다고 합니다. 혈관내피세포와 조혈모세포는 같은 세포에서 만들어진다는 사실이 놀랍기만 합니다. 조혈모세포는 처음엔 AGMAorta-ganad-mesonephros이라는 장소에서 시작하여 혈액세포 중 일부를 만들어냅니다. 그러다가 '갓 생겨난 간Fetal liver'으로 이동하여 한동안 혈액세포들을 만들다가, 뼈와 골수가 생성되면 마침내 그리로 이동한 뒤 태어나고 자라고 죽을 때까지 그곳에서 모든 조혈 작용을 담당하게 된답니다. 이 모든 과정이 배아 발생 시기에 이루어진다는 사실을 생각하면 신기하고 놀라지 않을 수 없습니다.

조혈모세포의 노화

사람은 죽기 직전까지 혈액을 계속해서 만들어냅니다. 하지만 매일 매시간 만들어내는 혈액세포의 종류와 비율이 나이가 들수록 점차 달라집니다. 조혈모세포에서 분화하여 우리 몸에서 기능을 담당하는 성숙한 혈액세포는 크게 두 부류로 나눌 수 있습니다. 하나는 골수성, 다른 하나는 림프구성 혈액세포입니다.

골수성 혈액세포는 골수 안에서 만들어집니다. 사람의 혈액에서 가장 많은 비중을 차지하는 호중구Neutrophil가 포함된 과립구Granulocyte, 조직으로 들어가서 각 조직에 부합하는 대식세포Macrophage로 분화하는 단핵구Monocyte, 그리고 우리의 혈액이 붉게 보이게 하는 적혈구Erythrocyte, Red blood cell와 혈액 응고에 관여하는 혈소판Platelet이 골수성 혈액세포로 분류됩니다. 과립구와 단핵구는 우리 몸의 1차 방어막이라고 할 수 있는 선천성면역Innate immunity을 담당합니다. 여기서 선천성면역이란 태어나면서 가지고 있는 면역으로써 특정한 병원체를 가리지 않고, 아군이 아닌 적군으로 인식되는 모든 세포를 공격하여 우리 몸을 방어하는 체계라고 생각하시면 되겠습니다.

반면, 림프구성 혈액세포는 크게 T 림프구T lymphocyte, B 림프구B lymphocyte, 그리고 자연살해세포Natural killer cell, NK cell, 이렇게 세 가지로 구성됩니다. T 림프구와 B 림프구는 모두 후천성면역Adaptive immunity에 직접 관여하며, 자연살해세포는 선천성면역에 관여합니다. 여기에서 후천성면역이란 선천성면역과 달리 태어난 이후 (질병에 걸린 이후 혹은 백신 접종 이후) 온몸에 작용하는 어떤 자극 때문에 생기는데, 앞서 말한 두 림프구들이 그 자극에서 비롯된 특정 병원체나 항원을 기억해 그것들이 다시 우리 몸을 침입할 때 빠르고 효과적으로 처리하는 방어 체계라고 알고 계시면 되겠습니다. 선천성면역을 적군에 대한 무차별적 공격에 비유한다면, 후천성면역은 첫 침입 때 남긴 흔적을 기억하여 그 침입자를 특이적으로 겨냥하는 저격수에 비유할 수 있을 것입니다.

노화와 함께 골수성 혈액세포의 비율이 림프구성 혈액세포의 비율보다 점점 높아집니다. 그 이유는 조혈모세포가 골수성 혈액세포를 만드는 중간 단계의 미성숙세포들을 림프구성 혈액세포보다 더 많이 만들게 되기 때문입니다. 이를 골수편향Myeloid skewing이라고 부른답니다. 조혈모세포의 노화가 불러오는 대표적인 증상이지요. 결과적으로 후천성면역력이 낮아지게 되고, 골수성 혈액세포의 과도한 증식도 종종 뒤따라오게 됩니다. 골수성 백혈병 환자 대부분이 노인층에서 발견된다는 사실 역시 이러한 노화에 따른 한 가지 결과로 해석 가능할 것입니다.

참고로, 혈액세포의 발생과 노화는 조혈모세포의 발생과 노화의 결과입니다. 조혈모세포가 나이 들면서 림프구성이 아닌 골수성으로 편향되면, 그에 따라 전체 혈액세포의 종류와 비율이 림프구성보다 골수성 혈액세포 쪽으로 많아지게 되는 것이지요.

백혈병은 불치병일까

이미 앞서 이야기했듯이 〈러브 스토리〉 주인공 제니는 백혈병으로 죽습니다. 혈액암이 무엇인지 어떤 종류가 있는지, 그리고 노화에 따라 혈액세포의 종류와 비율이 어떻게 달라지는지 알게 된 우리는 이제 질문을 조금 다르게 해봅니다. 과연 제니는 어떤 백혈병으로 죽었을까요?

책에서나 영화에서나 제니가 어떤 종류의 백혈병에 걸렸는지에 대해서 침묵합니다. 단지 백혈병 '말기'라는 단어가 등장할 뿐이지요. 이 사실은 두 가지 효과를 냅니다.

하나는 신비감입니다. 백혈병은 어떤 구체적인 암의 한 종류가 아닌 불치병의 대명사로 사용되었을 뿐인 것이지요. 제니의 백혈병은 그가 그 병에 걸렸을 당시의 의학과 과학으로는 고칠 수 없는, 그래서 어쩔 수 없이 운명을 떠올릴 수밖에 없는 불치병이어야 하는 것입니다. 작가는 아마도 제니의 죽음은 인간의 힘으로는 절대 해결할 수 없는 불가항력 문제 정도는 되어야 합당하다고 여긴 게 아니었을까요? 구체적인 병명이 들어가게 되면 〈러브 스토리〉

의 애틋하면서도 절박한 이야기를 다큐멘터리로 만들어버릴 수 있었을 것 같기도 합니다. 이런 면에서 보면 제가 작가였다 하더라도 의도적으로 구체적인 병명을 밝히지 않고 불치병이라는 단어에 묻히도록 내버려두는 쪽을 선택했을 것 같네요.

다른 한 가지 효과는 혹시 모를 과학적 혹은 의학적인 논쟁을 예방할 수 있다는 것입니다. 만약 제니의 병명을 구체적으로 밝혔다면, 작품 속 제니를 너무나도 사랑한 나머지 그에게 그 당시 개발되고 있었을지도 모르는 약이나 치료법을 권하는 등 이런저런 방법으로 그를 죽음의 덫에서 벗어나게 하려는 시도가 빗발쳤을지도 모르기 때문입니다. 이 역시 작품을 신비감 대신 팩트로 만들어버리는 우를 범할 수 있는 것이지요. 그래서 다시 작품에서 설정한 '백혈병 말기'는 아무래도 가장 현명한 선택이 아니었나 싶습니다.

그러나 우린 추측 정도는 해볼 수 있습니다. 백혈병 중에서도 림프구성 백혈병은 일반적으로 젊은 나이의 사람들이, 골수성 백혈병은 나이 든 사람들이 흔히 걸리게 됩니다. 우리가 조혈모세포 노화의 결과로 나이가 들수록 림프구성 혈액세포가 아닌 골수성 혈액세포를 더 많이 생산하게 된다는 사실에 착안해도 똑같은 결론에 도달할 수 있습니다. 제니가 백혈병 말기로 생을 마감한 나이가 25세였기 때문에 상대적으로 젊은 축에 속하고, 그러므로 골수성 백혈병보다는 림프구성 백혈병이 제니의 구체적인 병명이라고 추측할 수 있지 않나 싶습니다.

한 걸음 더 나아가, 만성이기보다는 급성이어야 하겠지요. 불가항력의 운명의 힘은 갑자기 와야 더 큰 효과를 발휘할 수 있을 테니까요. 그래서 급성림프구성 백혈병 정도가 합리적인 추론이 아닐까 생각해 봅니다. 물론 앞서 언급했듯이, 모든 백혈병은 이제 불치병이라는 진단에서 자유로워졌기 때문에 지금은 아무런 상관이 없겠지만 말입니다. 어떤가요? 여러분도 제 추측에 동의하시나요?

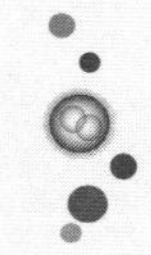

심장

가장 중요하지만 아무도 몰랐던 곳

소리 없는 살인자

관용어로 자리 잡았지만 소제목부터 좀 으스스하지요? '소리 없는 살인자'라니요. 무슨 탐정소설 혹은 추리소설도 아니고 말입니다. 그러나 탐정소설이나 추리소설에서 등장하는 살인자보다도 더 무서워해야 할지도 모르는 살인자가 바로 앞에서 다뤘던 당뇨와 이번에 다룰 질환 중 하나인 고혈압이랍니다. 당뇨는 보통 증상이 확실하게 나타나 삶의 질을 떨어뜨릴 정도로 함께 살아가기가 힘든 녀석이지만, 고혈압은 별 증상도 없이 우리 몸 안에서 있다가 덜컥 치명적인 합병증을 불러와 우리의 생명을 위협하곤 합니다.

저 역시 생활 습관과 식습관, 그리고 유전적인 요인 때문에 30대 후반부터 고혈압약을 복용하고 있습니다. 지금도 아침마다 하는 의식 중 하나가 알약을 챙겨 먹는 것입니다. 고혈압약 한 알, 탈모약 한 알, 이렇게 두 알약을 매일 아침에 복용하고 있답니다. 탈모약은 2024년 8월에 복용하기 시작해서 6개월이 조금 넘었지만, 고혈압약은 거의 10년이 다 되어가네요.

과거를 거슬러 올라가 보면 저의 혈압은 대학생 때부터 높았습니다. 보통 수축기 혈압 120mmHg에 이완기 혈압 80mmHg가 정상 범위인데, 저는 한 번도 120mmHg에 80mmHg 이하로 나온 적이 없었습니다. 제 기억으로는 수축기 혈압이 130mmHg부터 140mmHg, 이완기 혈압이 90mmHg에서 100mmHg 정도로 나왔습니다. 10mmHg 차이 정도야 뭐 대수겠어? 하는 심정으로 저는 20대와 30대 대부분을 지나오면서 높은 혈압을 무시해왔답니다. 지금은 땅을 치고 후회할 정도로 어리석은 처사였지요.

결혼하고 아들이 두 살이 조금 넘었을 무렵 우린 미국으로 향했습니다. 아메리칸 드림을 품고 갔던 것이지요. 다시 대학원생이 된 것처럼 박사후연구원으로 정말 열심히 일했습니다. 이미 아내가 아들을 임신했을 때 저의 체중은 늘기 시작했는데 미국 가서도 줄지를 않고 오히려 더 증가하고 있었습니다. 밤낮 스트레스에 시달리던 어느 날 말을 하고 싶은데 적당한 단어가 나오지 않았습니다. 이미 몇 주째 두통과 편두통으로 고생하고 있던 시기였습니다. 마침 아내가 곁에 있어서 저는 아내의 도움을 받아 집으로 일찍 돌아왔습니다. 집에 들어서자마자 카펫이 깔린 거실에서 저는 그만 토하며 쓰러지고 말았답니다. 잠시 기절도 했습니다. 다행히 금세 깨어나 정신을 차릴 수 있었고 지독한 냄새가 나는 카펫을 어떻게 처리할지를 걱정하고 있는 저를 발견할 수 있었습니다. 말도 제대로 나오기 시작했고 막혔던 무엇인가가 뚫린 것 같은 기분이었습니다. 지금 생각해 보면 아주 경미한 뇌졸중 증상이었습니다. 하마터면 큰일날 뻔했던 것이지요.

그로부터 1년 뒤 아내의 권고에 따라 저는 의사를 찾았고 처방을 받아 고혈압약을 먹기 시작했습니다. 첫 방문 때 의사가 그러더군요. 지금까지 뭐 하다가 이제야 왔냐고요. 기가 막혔습니다. 저의 똥고집이 무척이나 혐오스러워질 정도로요. 역시 아내 말은 잘 들어야 하나 봅니다. 그 당시 혈압을 재면 높을 땐 수축기 혈압이 160mmHg에 이완기 혈압이 100mmHg 정도 나왔던 것 같습니다. 뛰거나 흥분한 상태도 아니었는데 말이지요.

약을 처방받고 먹기 시작한 이후 제 혈압은 수축기 혈압 120mmHg에 이완기 혈압 80mmHg 언저리로 떨어졌습니다. 자주 있던 두통도 줄어들었을뿐더러 이전에 경험했던 뇌졸중 증상도 10년이 지난 지금까지 한 번도 없었습니다. 지금도 여전히 수축기 혈압 120mmHg에 이완기 혈압 80mmHg 정도를 유지하며 운동도 꾸준히 하고 식습관과 생활 습관을 교정하여 인생의 후반전을 살아가고 있답니다. 이 글을 읽는 여러분 중 혹시 혈압이 높은 분이 있으시다면 미루지 마시고 당장 내일, 아니 오늘이라도 병원을 방문하여 고혈압약을 처방받아 드시기 바랍니다. 소리 없는 살인자를 미연에 방지하시길 권고합니다.

60대 절반 이상이 고혈압 환자

고혈압은 말 그대로 혈압이 높다는 뜻입니다. 그리고 혈압은 혈관 안에 흐르는 혈액이 혈관벽에 부딪힐 때 가해지는 압력을 뜻하지요. 혈관이 우리 몸 구석구석에 뻗어 있다는 점과 혈관의 종류가 크게 동맥, 정맥, 모세혈관으로 나눌 수 있다는 점을 감안할 때, 고혈압 진단을 받았다는 말은 과연 어떤 혈관의 압력이 높아서일까요? 정답은 동맥입니다. 동맥은 심장에서 출발하여 온몸으로 뻗어 나가는 혈관입니다. 즉 우리가 흔히 말하는 혈압은 심장에서 뿜어져 나오는 동맥혈이 동맥혈관에 가하는 압력을 말하는 것이랍니다. 물론 정맥 고혈압도 문제가 된다고 알려져 있지만 여기에서는 전통적인 동맥 고혈압만을 다루도록 하겠습니다.

'정상 혈압'은 수축기 혈압이 120mmHg 미만, 이완기 혈압이 80mmHg 미만인 상태를 말합니다. 2024년 질병관리청에서 받아들여 사용하고 있는 고혈압 진단 기준에 따르면, '주의 혈압'은 이완기 혈압은 같으나 수축기 혈압이 120mmHg에서 129mmHg 사이에 해당하는 경우를 말합니다.[14] 그리고 '고혈압

전 단계'는 수축기 혈압이 130mmHg에서 139mmHg 사이, 이완기 혈압이 80mmHg에서 89mmHg 사이에 해당하는 경우를 말합니다.

고혈압이라고 진단할 수 있는 혈압 수치도 1기와 2기로 나누는데요. 1기에 해당하는 수축기 혈압은 140mmHg에서 159mmHg 사이, 이완기 혈압은 90mmHg에서 99mmHg 사이입니다. 이에 반하여 2기는 수축기 혈압과 이완기 혈압이 각각 160mmHg 이상, 100mmHg 이상에 해당하는 경우를 지칭합니다. 이 기준에 저의 과거를 비춰보면, 저의 20대는 벌써 고혈압 전 단계에 해당하였고, 고혈압약을 먹기 시작하기 전까지 저의 30대는 고혈압 1기에 해당하였다는 사실을 알 수 있습니다. 30대 후반, 고혈압약을 먹기 직전 저에게 경미한 뇌졸중 증세가 온 것이 어쩌면 천만다행이라고 할 수 있겠네요.

앞서 언급했듯이 고혈압이 소리 없는 살인자로 등극한 가장 큰 이유는 치명적인 합병증을 불러오기 때문입니다. 모두 심혈관 질환에 해당하는데요. 말만 들어도 심장이 멈출 것 같은 질환인 뇌졸중, 심장마비 또는 심부전 등이 바로 그들입니다. 모두 한 번만 걸려도 남은 평생을 그동안의 인생과는 질적으로 다르게 살아가야만 하지요. 사망에 이르지 않는다면 말입니다.

고혈압이 무서운 다른 이유는 증상이 도드라지지 않다는 점입니다. 간혹 두통이나 두근거림 혹은 호흡곤란을 겪기도 하지만, 그 증상의 원인이 고혈압이라고는 잘 생각하지 않는 것이 현실입니다. 그러므로 정기검진 등 여러 가지 방법으로 자주 혈압을 점검하는 습관을 들일 필요가 있답니다. 30대 이후에는 나이에 비례해서 고혈압 발생 가능성이 커진다고 합니다. 2021년 질병관리청 조사에 따르면, 20대 고혈압 유병률은 남성 3.9퍼센트, 여성 1.6퍼센트, 30대에서는 각각 17.3 퍼센트, 2퍼센트, 40대에서는 각각 25.7퍼센트, 13.4퍼센트, 50대에서는 각각 35.8퍼센트, 26.5퍼센트, 60대에서는 각각 50.6퍼센트, 45.5퍼센트, 그리고 70대 이상에서는 61.4퍼센트, 69.9퍼센트입니다.[15] 공식적으로 노인이라고 분류가 되기 시작하는 60대부터는 놀랍게도 절반 이상의 인구가 고혈압 환자인 것입니다.

고혈압의 원인

고혈압의 원인은 정말 다양합니다. 특정한 원인 하나가 존재하지도 않습니다. 이런 고혈압을 본태성(1차성) 고혈압이라고 분류합니다. 한국 고혈압 환자의 대부분이 본태성 고혈압이랍니다. 여러 가지 원인 중 대표적인 것은 노화, 가족력, 비만, 짜게 먹는 식습관, 스트레스 등이 있습니다. 고혈압 역시 유전적인 원인과 환경적인 원인이 복합적으로 작용해서 생기는 것이지요. 저 역시 본태성 고혈압에 해당하는데요. 혈압약을 복용하는 것 이외에도 운동과 건강 식단으로 체중 관리에 노력하고 있답니다. 생활 습관을 건강하게 해서 유전과 노화, 이 두 가지 불가항력의 원인에 저항하고 있습니다.

나이에 따라 혈압이 높아지는 주요 이유는 동맥의 말초 저항이 증가하기 때문입니다. 노화에 따른 혈관의 변화는 정맥이나 모세혈관보다는 동맥에서 나타납니다. 고혈압은 동맥경직도를 증가시키고, 이 때문에 다시 혈압이 상승하는 악순환을 되풀이하게 됩니다.

본태성 고혈압이 아닌 나머지 고혈압을 속발성(2차성) 고혈압으로 분류합니다. 이 경우는 특정한 원인이 밝혀져 있습니다. 신장 질환이나 부신 종양, 일부 선천성 심장 질환, 임신성 고혈압, 혹은 갑상샘 질환 등이 원인이 되어 2차로 발생한 경우를 지칭합니다.

고혈압이 불러오는 합병증

1. 뇌혈관 질환

아무래도 고혈압의 가장 치명적인 합병증은 뇌출혈일 것입니다. 고혈압이 있는 한국인이 가장 많이 걸리는 합병증도 바로 뇌졸중이라고 합니다. 뇌졸중은 뇌혈관이 막히거나 터지는 병인데, 막히면 뇌경색Cerebral infarction이라고 부르고 터지면 뇌출혈Cerebral hemorrhage이라고 부르는데요. 뇌출혈이 발생하면 심한 두통을 겪는 것은 물론 의식을 잃게 되기도 합니다. 언어장애를 일으키기도 하고, 기억력 상실을 불러오기도 하며, 반신불수가 되기도 합니다. 뇌졸중 환자의 80퍼센트 정도가 고혈압 환자에게서 비롯된다고 하니 고혈압이 얼마나 소리 없이 무서운지 충분히 알 만하지요.

2. 관상동맥 질환

우리가 죽을 때까지 심장이 뛰는 이유는 심장근육(심근)이 혈액에서 끊임없이 영양분과 산소를 충분히 공급받기 때문이겠지요. 관상동맥이란 심장근육에 혈액을 공급하는 중요한 혈관입니다. 대동맥에서 뻗어 나오는 직경 2밀리미터에서 3밀리미터 크기의 작은 혈관 가지입니다. 심장을 둘러싸고 있는 모습이 왕관을 뒤집어 놓은 형태와 비슷하다고 해서 관상冠狀이라는 이름이 붙여졌다고 합니다. 이 관상동맥은 대동맥 오른쪽에서 나오는 우관상동맥Right coronary artery, 왼쪽에서 나오는 좌관상동맥Left coronary artery으로 나뉘고, 좌관상동맥은 다시 좌전하행지Left anterior descending coronary artery, 좌회선지Left circumflex artery로 나눠집니다. 관상동맥은 총 세 개의 큰 가지로 구분할 수 있는 것이지요.

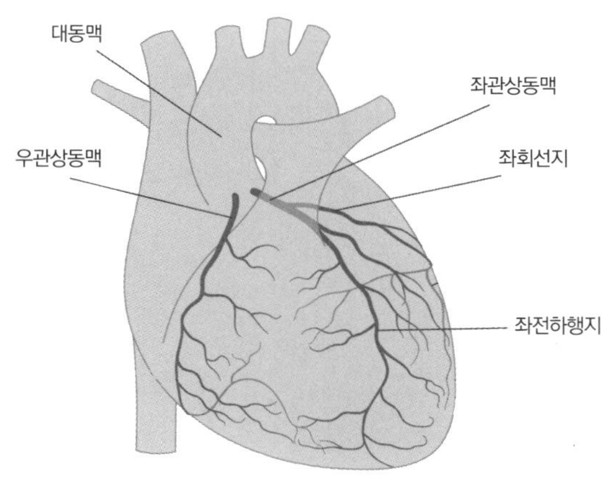

관상동맥의 구조

관상동맥 질환의 대표적인 두 질환은 협심증Angina pectoris과 심근경색증Cardiac infarction입니다. 협심증은 관상동맥이 좁아져서 생기는 질환입니다. 혈관이 좁아지면 정상적인 양의 혈액을 심장근육에 전달하지 못하게 되겠지요. 그러면 호흡곤란, 가슴 쓰림, 가슴 통증 등의 증상이 나타나게 됩니다. 관상동맥이 좁아지는 가장 큰 이유는 동맥경화증Atherosclerosis이 발생했기 때문입니다. 동맥경화증은 동맥이 두꺼워지고 딱딱해지면서 탄성을 잃는 상태를 통칭하는 용어로써 좀 더 넓은 개념으로는 전반적인 혈관 노화를 일컫는 용어이기도 하답니다. 고혈압은 흡연, 고지혈증과 함께 동맥경화증의 3대 발생 위험 인자인데요. 혈압이 높으면 그 압력 때문에 혈관벽에 손상이 오기 쉽고, 콜레스테롤 등이 손상된 혈관벽에 침입하고 쌓이면서 동맥경화를 유발하게 된답니다.

또 동맥경화로 혈관이 좁아지면 고혈압이 가중되지요. 악순환이 생겨버리는 것입니다. 반면, 심근경색은 관상동맥이 완전히 막혀서 혈류가 전혀 흐르지 못해 심장근육이 죽게 되는 질환입니다. 심근경색이 유지되면 결국 심장마비가 오고 사망에 이르게 됩니다. 참고로, 심장마비는 공식적인 의학 용어가 아니랍니다. 심장마비는 심근경색의 증상이라고 생각하시면 되겠습니다.

뇌경색, 뇌출혈, 협심증, 심근경색의 원인 대부분을 동맥경화에서 찾을 수 있습니다. 그리고 2021년에 발표된 한 논문에 따르면, 동맥경화 유병률은 정상 혈압군 대비 고혈압 전 단계에서 1.12배, 고혈압 1기에서 1.37배, 그리고 고혈압 2기에서는 1.66배 높은 것으로 나타났습니다.[16] 고혈압과 동맥경화의 유의미한 상관관계를 알 수 있는 부분이지요. 그 외에도 눈 망막의 모세혈관이 높아진 혈압을 견디지 못해 터지게 되면 실명까지도 유발할 수 있는데, 이 질환의 이름은 고혈압성 망막병증Hypertensive retinopathy입니다. 신장의 모세혈관이 높은 압력으로 손상되면 노폐물을 여과하는 신장의 고유 기능이 떨어지게 되는데, 이 질환의 이름은 신부전Hypertensive nephropathy입니다.

심장의 발생

우리 몸을 이루는 기관계 중 가장 먼저 작동하는 기관계가 바로 순환계입니다. 그리고 가장 먼저 작동하는 기관이 바로 심장입니다. 배아가 발생을 원활히 진행하기 위해서는 영양분과 산소의 공급이 필수이기 때문입니다.

심장은 수정 후 약 18일에서 19일까지 세 가지 배엽 중 중배엽에서 비롯됩니다. 심장은 배아의 머리 부근의 '심장 구역Heart field'으로 알려진 장소에서 발생하기 시작합니다. 처음엔 두 개의 관이 만들어지고 나중에 하나로 합쳐져서 원시심장관Primitive heart tube을 형성합니다. 원시심장관은 빠르게 동맥간Truncus arteriosus, 심장구Bulbus cordis, 원시심실Primitive ventricle, 원시심방Primitive atrium, 정맥동Sinus venosus으로 이루어진 총 다섯 개의 서로 다른 영역을 형성합니다. 이 시기에는 성인에게서 보이는 방식과는 달리, 모든 정맥혈이 정맥동으로 흘러 들어가고 수축해서 혈액이 꼬리에서 머리로, 또는 정맥동에서 동맥간으로 이동합니다.

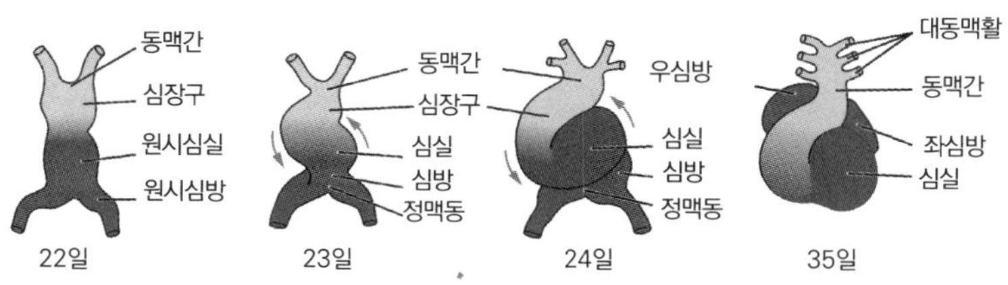

수정 후 22일에서 35일 사이의 심장의 발생

이러한 다섯 개의 영역은 각각 발생을 거듭하게 되는데요. 동맥간은 둘로 갈라져서 상행대동맥Ascending aorta과 폐동맥Pulmonary trunk으로 발생하게 됩니다. 심장구는 우심실Right ventricle로 발생합니다. 원시심실은 좌심실Left ventricle을 형성합니다. 원시심방은 우심방Right atrium과 좌심방Left atrium의 앞쪽 부분으로 발생합니다. 그리고 정맥동은 우심방의 뒤쪽 부분, 동방결절Sinoatrial node 및 관상동맥동Coronary sinus으로 발생합니다.

원시심장관이 늘어나면서 구부러지는데, 결국 S자 형태를 갖추면서 두 개의 심방과 주요 혈관들이 우리가 잘 아는 성인의 심장과 비슷한 모양새를 띠게 됩니다. 이 과정은 수정 후 23일에서 28일 사이에 일어납니다. 이어서 두 심방 사이의 벽인 심방중격Interatrial septum, 두 심실 사이의 벽인 심실중격Interventricular septum, 심방과 심실 사이의 벽인 방실중격Atrioventricular septum이 형성되면서 심방과 심실의 분할이 수정 후 5주 말에 모두 이루어집니다. 심방과 심실 사이의 판막인 방실판막Arioventricular valve 심방과 심실 사이의 판막은 심실로 들어간 혈액이 다시 심방으로 역류하는 것을 방지하는데 이 기관은 5주에서 8주 사이에 형성되고, 심실에서 대동맥과 폐동맥으로 나간 혈액이 역류하는 것을 방지하는 반월판막Semilunar valve은 5주에서 9주 사이에 완성이 됩니다.

혈관의 발생

혈액이 심장에서 뿜어져 나오기 때문에 혈관도 심장으로부터 뻗어나가며 생긴다고 생각할지도 모르겠습니다만 사실은 그렇지 않습니다. 혈관의 발생은 심장의 발생과 독립적으로 일어납니다. 나중에 심장과 혈관이 연결된답니다.

혈관의 발생은 크게 두 가지로 나뉩니다. 하나는 '혈관 형성Vasculo-genesis' 과정입니다. 외측중배엽Lateral plate mesoderm으로부터 비롯되며, 아무런 혈관이 없는 상태에서 처음으로 혈관이 만들어지는 과정을 뜻합니다. 공터에 집을 짓는 일, 즉 건축에 비유할 수 있습니다.

다른 하나는 '혈관 신생Angiogenesis' 과정입니다. 이는 기존에 존재하는 혈관에서 가지치기하듯 파생되어 새로운 혈관이 생성되는 과정을 뜻합니다. 건축이라기보다는 리모델링에 비유할 수 있을 것입니다. 이미 지어진 건물이 있기 때문입니다. 놀라운 사실은 사람의 평균 혈관 길이가 동맥, 정맥, 모세혈관을 모두 다 합하면 약 10만 킬로미터라고 합니다. 지구를 두 바퀴하고도 절반 이상 돌 수 있는 길이입니다.

뻔한 것들 속에 진리가 있다

여러 암과 질환들에서 가능한 거리를 두거나 미연에 방지할 수 있는 유일한 방법은 아무래도 습관에 있지 않나 싶습니다. 생활 습관과 식습관이라고 할 수 있겠지요. 생활 습관에서는 운동을 절대 빼놓을 수 없을 것입니다. 특히 여기에서 다룬 뇌·심혈관 질환은 궁극적으로 그 원인을 포함하여 위험 요인과 악화 요인이 거의 같기 때문에 예방책도 비슷할 것입니다. 2022년 통계청이 발표한 한국 사망 원인 통계를 보니, 최소 40년 전부터 사망률 1위는 각종 암, 2위와 3위는 뇌 질환 또는 심장 질환이었습니다.[17] 특히 나이가 들어감에 따라 발병률이 증가하므로 이 예방책은 습관으로 길들이도록 노력해야겠습니다. 수명이 늘어나는 이 시대에 건강한 고령 인구로 거듭나면 좋겠습니다.

너무 뻔한 것일지도 모르겠으나 뻔한 것들 속에 진리가 있는 법이고, 빠른 샛길을 찾는 것보다 좋은 습관을 길들여서 몸과 정신이 모두 건강한 상태로 노화를 맞이하길 바랍니다. 가장 먼저 과도한 음주와 흡연을 삼가야 합니다. 수많은 연구가 한결같이 입을 모으는 예방책 중 하나이지요. 유전적인 요인처럼 우리가 바꿀 수 없는 것들이 아니기 때문에 심근경색이나 뇌경색 같은 증상이 발발하기 전에 미리 좋은 습관을 길들여야겠습니다.

또 뭐니 뭐니 해도 규칙적으로 운동을 시행하는 것입니다. 적어도 일주일에 세 번 이상, 한 번에 30분 이상 숨이 찰 정도로 운동을 하셔야 합니다. 갑자기 달리거나 무거운 것을 드는 과격한 운동은 자제하시고, '만 보 걷기'와 빠르게 걷기를 병행하시면서 그리

무겁지 않은 아령 같은 것을 10회에서 20회 정도 들어 근력을 강화해야 합니다. 기초대사량과 활동대사량은 노화와 함께 근육량이 감소하면서 자연스럽게 줄어들기 때문입니다. 헬스장이 좋으시다면 PT Personal training를 받으시고 자신에게 맞는 무게와 자세를 배워서 지속하기 바랍니다. 근력 운동이 몸 좋은 20대나 하는 운동이라는 편견은 잘못된 것입니다. 오히려 40대와 50대에게 더 필요한 운동이랍니다. 근육량은 체력과 직결되기도 하지요. 체력은 정신력에 지대한 영향을 끼치고요. 회복탄력성 역시 결국 체력에서 온다는 말을 저는 믿는답니다.

식습관에 대해서는 인터넷을 조금만 검색해도 쉽게 정보를 찾을 수 있습니다. 저마다 다른 개성으로 식단을 꾸릴 수 있겠지만, 원리는 혈당을 빨리 올리지 않고 짜지 않은 음식을 선택하여 규칙적으로 소식하는 것입니다. 물론 사회생활을 하다 보면 식단을 지키고 싶어도 어쩔 수 없이 흐트러질 수 있습니다. 그럴 때는 그 상황에서 할 수 있는 최선을 다하시길 바랍니다. 부디 아는 것에서 멈추지 말고 아는 것을 실천으로 옮기면서 스스로 작은 성취감을 느껴보시길 강력하게 권합니다.

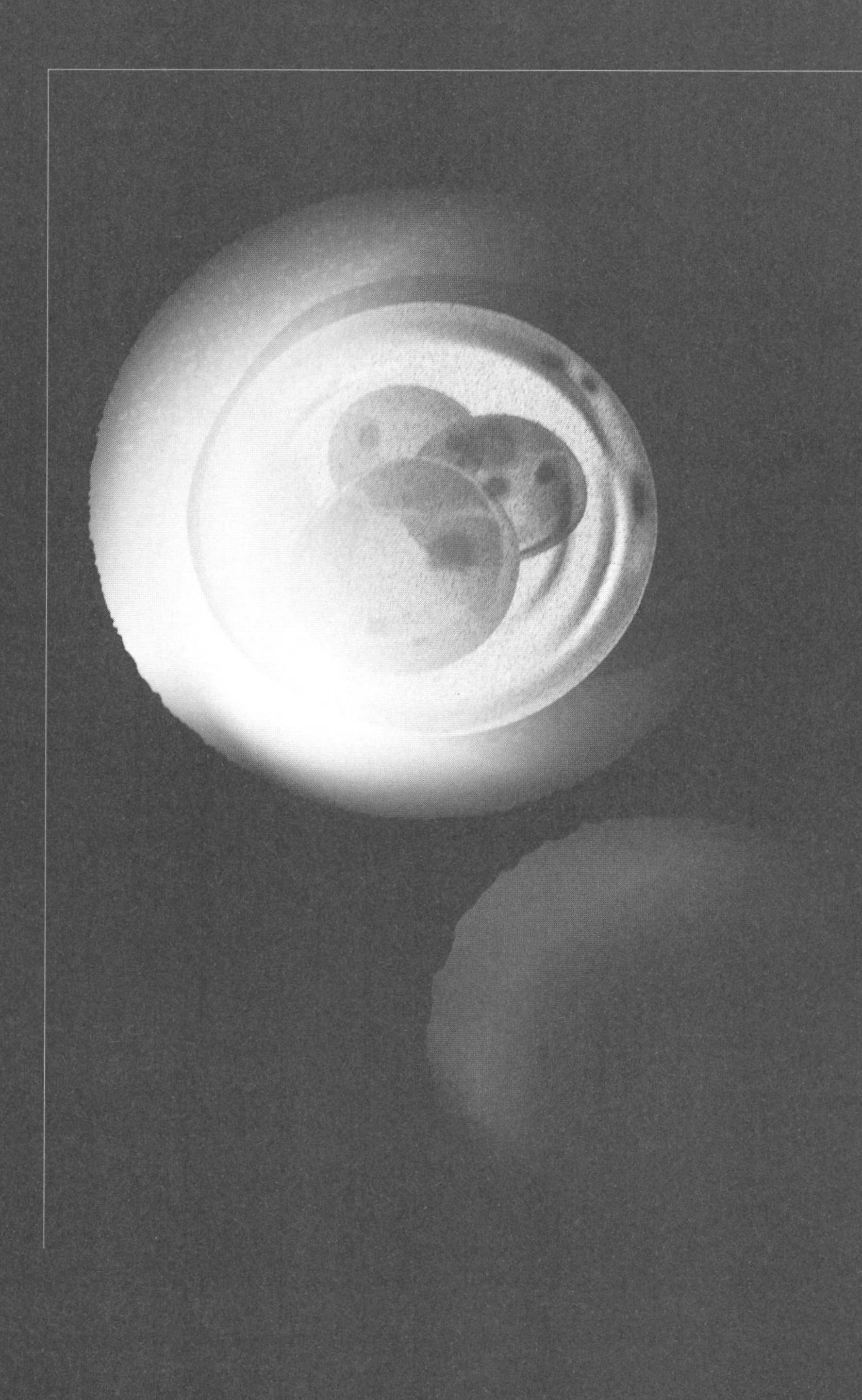

Lesson III.

우연과 확률의 아름다움, 다양성

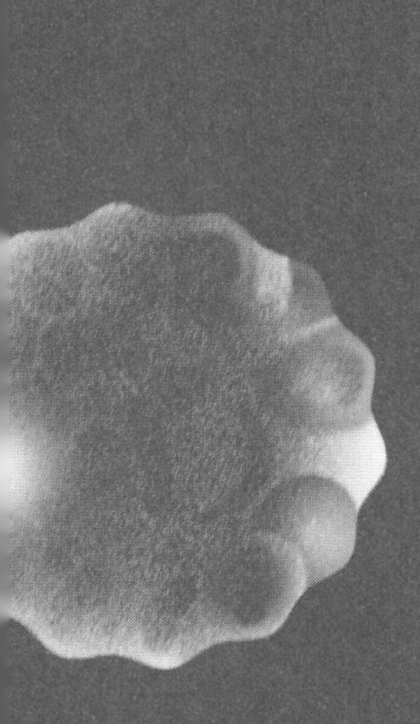

자신의 나이를 따뜻하게 감싸안고 사랑해야 한다.
그럼 삶이 즐거움으로 가득 찰 것이다.

- 세네카*Seneca*

Note

세포의 세계에는 차별이 없다

〈Lesson Ⅲ〉은 노화와 직접적인 관련은 없지만, 발생생물학의 정수를 맛볼 수 있는 이야기들로 구성되어 있습니다. 태어나기도 전에 이미 모든 게 결정된 상태로 소수자의 삶을 살아가야만 하는 우리 이웃의 이야기이기도 합니다.

먼저, 혹시 모를 여러분들의 잘못된 선입견 혹은 편견 혹은 오해를 바로잡기 위해 '선천성 기형'이라는 표현에 대해서 정확하게 짚고 넘어가는 게 좋겠습니다. 서울대학교에서 제공하는 의학 정보에 따르면 다음과 같습니다.[1]

> '선천성 기형'이란 임신 중 모체의 질병, 유전적 또는 환경적 요인 등에 의하여 태어나면서부터 신체에 구조적 이상이 있는 경우로, 크게 내과적, 외

과적 또는 성형적으로 심각한 문제를 가지고 있는 주기형Major malformation과 그렇지 않은 소기형Minor malformation으로 구분된다. 소기형이란 의학적이나 미용적으로 심각한 문제를 발생시키지 않는 기형을 의미한다. 그 예로 두개골이나 귀의 생김새, 눈의 형태나 간격, 손금 모양 등과 같은 다양한 형태를 포함한다. 주기형의 대표적인 예로는 구개열이나 선천성 심실중격 결손 등을 들 수 있다. 신생아에서 주기형의 발생 빈도는 생존 출생의 약 2퍼센트이며, 이후 성장하면서 발견되는 심장, 폐, 척추 등의 기형을 합하면 발생 빈도는 5퍼센트에 이른다.

여기서 주목해야 할 부분은 선천성 기형의 원인을 유전적 요인만으로 설명할 수 없다는 점입니다. 흔히 착각하곤 하는 부분이지요. 선천성이라고 해서 모두 유전병은 아니라는 말입니다. 이것은 부모가 기형이 아니더라도 아이는 기형으로 태어날 수 있다는 말도 됩니다. 앞에 적힌 정의를 보면 원인으로 지목되는 두 가지가 분명히 더 있습니다. 모체의 질병, 그리고 환경적 요인이 바로 그것이지요.

임신 기간 중 산모의 상태는 환경적 요인의 대부분을 차지할 만큼 아이가 기형으로 태어날지 아닐지를 결정하는 중요한 이유가 됩니다. 특히 알코올(술)과 니코틴(담배)은 태반을 통과하여 산모에서 태아에게 그대로 전달되므로 술과 담배는 적어도 아이를 위해서라면 반드시 피해야 합니다. 그 외에도 여러 약물, 화학 물질, 방사선 노출 등의 환경적 요인들이 기형아의 발생 원인이 됩니다. 또 다운증후군의 발생 빈도가 산모의 연령에 비례하여 높아진다는 통

계에서 알 수 있듯이, 적은 부분이지만 노화도 기형아의 발생에 기여하는 것이지요.[2]

안타깝게도 선천성 기형을 예방할 수 있는 방법은 현재로서 없습니다. 과학과 의학의 발달에 따라서 아이를 낳기 전 태아 단계에서 여러 선천성 기형의 유무를 확인할 수는 있지만 말이지요. 하지만 선천성 기형의 발생 확률을 낮추는 노력은 우리가 할 수 있습니다. 가급적이면 노산을 피하고 산모의 환경과 건강을 유의하는 방법이 그것입니다. 그리고 기형을 가진 채 태어날 아이를 위해서 병원에서 의료진과 긴밀하게 소통하며 태아의 상태를 확인하는 방법, 많은 경우 태어난 직후 외과적 수술을 요한다는 점을 미리 염두에 두시는 것 역시 부모로서 새 가족을 위한 준비에 해당할 것입니다.

정상과 비정상에 대해 곰곰이 생각해 봅니다. 손가락이나 발가락 수가 열 개가 아니면 비정상일까요? 입술이나 입천장이 갈라진 채 태어난 이들은 비정상일까요? 그렇다면 쌍둥이들은요? 일란성쌍둥이, 이란성쌍둥이, 그리고 아주 드물게 결합쌍둥이로 태어난 소중한 생명들에게 모두 비정상이라는 딱지를 붙여야 하는 것일까요? 우리 주위에서 만날 수 있는 다운증후군이나 기타 여러 증후군으로 살아가는 이웃들을 모두 비정상이라고 불러야 할까요? 조로증에 걸려서 노화의 속도가 평균보다 빨라 일찍 세상을 떠날 수밖에 없는 사람들은요? 그들도 모두 비정상적인 사람으로 분류해야 할까요?

생각보다 많은 경우 정상과 비정상이 합리적인 근거 없이 오로지 다수에 속하는지 소수에 속하는지에 따라 구분되는 현상을 봅니다. 과연 다수에 속하면 정상이고 소수에 속하면 비정상일까요? 여러분은 어떻게 생각하시나요? 저는 아니라고 생각합니다. 소수라는 개념은 단순히 다수에 비해 수가 적다는 뜻일 뿐 결코 질적인 의미를 갖지 않기 때문입니다. 수가 많으면 우월하고 수가 적으면 열등하다고 여기는 건 오직 다수에 속한 권력자들의 폭력일 뿐입니다. 다수가 소수의 질적 정체성을 규정할 수는 없습니다. 아무도 그들에게 그런 권한을 부여하지 않았습니다.

이 같은 사례들은 서양에서 이미 오래된 문제인 백인들과 흑인들 사이의 갈등에서도 발견할 수 있습니다. 다수인 백인들이 소수인 흑인들을 노예로 삼는 등 다양한 방식으로 인종차별이라는 극악무도한 범죄를 저질렀다는 사실을 우린 역사를 통해 배워서 알고 있습니다. 단지 피부색이 다를 뿐 우리와 똑같은 사람이었는데 말이지요.

여러 선천성 기형을 가지고 살아가는 소수자들을 향한 우리들의 시선을 점검해 볼 필요가 있다고 생각합니다. 만약 그 시선에서 다수자의 폭력이 느껴진다면 바로잡아야 마땅할 것입니다. 특히 우리가 이렇게 발생생물학을 배우면서 인식론적 폭력에서 벗어나지 못한다면 진심으로 수치스럽지 않을까요? 〈Lesson Ⅲ〉에서 우리가 나눌 다섯 가지 서로 다른 선천성 기형에 관한 이야기가 부디 우리들의 인간다운 시선을 회복하는 일에 작게라도 도움이 되면 좋겠습니다.

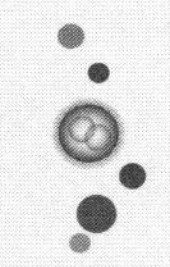

손가락, 발가락

자신의 죽음을 준비하는 세포들

육손의 기억

40여 년이 지난 지금까지도 사진처럼 선명하게 남아 있는 기억 중 하나는 같은 골목에 사는 어떤 형의 손, 아니 손가락입니다. 그 형의 여섯 번째 손가락은 왼손 엄지손가락 옆에 덜 발달된 모습으로 붙어 있었습니다. 마치 성인 손가락에 아기 손가락이 액세서리처럼 하나 더 달린 것 같았습니다. 그 손가락으로는 아무것도 집을 수도 없어 보였습니다.

"형의 손가락은 왜 그렇게 생겼어요?" 혹은 "왜 다섯 개가 아닌 여섯 개예요?"라고 직접 물어볼 정도로 그때 저는 충분히 어린 나이(아마도 초등학교 1학년이나 2학년)였던 것 같은데, 무슨 이유인지는 모르겠지만 그래선 안 된다는 확신에 사로잡혔고 결국 못 본 척했습니다. 그날 집에 들어와 부모님께도 그 사실을 꺼내지 않았고 한동안 다른 누구에게도 말하지 않았습니다. 저는 본능적으로 그것은 가슴속에 묻어두어야 할 그 무엇으로 여겼던 듯합니다. 마치 금지된 무엇인가를 본 사람처럼 말이지요.

어느 날 친구들과 놀다가 그 형의 손가락 이야기가 나왔습니다. 그 순간 아주 잠시 얼어붙었지만, 드문 경험을 떠벌리는 자들은 어디에나 있는 법입니다. 그들 역시 그 형의 손가락이 여섯 개라는 사실을 두 눈으로 똑똑히 보았고, 반은 놀랍다는 표정 나머지 반은 흉측하다는 표정을 지어 보였습니다. 사실 저도 겉으로 말은 안 해서 그렇지 비슷한 심정이었기에 그들을 뭐라고 나무랄 수는 없었습니다.

그들 중 하나가 그 형을 '육손'이라고 불렀습니다. 처음 듣는 단어였습니다. 귀에 쏙 박혔습니다. 듣자마자 바로 이해가 되었습니다. 육손이란 손가락이 여섯인 사람을 부르는 말이라는 것을요. 그리고 함부로 입에 담아선 안 된다는 무언의 힘도 느꼈습니다. 뒤에서 수군대는 사람들의 용어 같았습니다.

그때부터였습니다. 세상엔 성격이나 얼굴뿐 아니라 몸의 구조도 저와 다른 사람이 존재한다는 엄연한 진실을 막연하게나마 오감으로 깨닫기 시작했던 것입니다. 그리고 세상엔 손가락이 여섯인 사람도 존재한다는 사실은 저에게 무한한 가능성을 열어주었습니다. 손가락이 여섯인 사람이 있다면, 그것보다 더 많은 사람도, 더 적은 사람도 존재할 수 있을 것 같았습니다. 나중에 알게 된 사실이지만, 실제로 손가락과 발가락을 모두 합쳐 서른 개가 넘는 사람도 있다고 합니다.

성인이 되어 저는 대학과 대학원에서 생물학을 공부하게 되었습니다. 발생생물학이라는 과목에서 저는 손가락 수의 다양성을 실제로 확인할 수 있었습니다. 어릴 적 보았던 동네 형의 손가락은 더는 숨겨야 할 비밀이 아니었습니다. 그 형이 돌연변이라는 부정적인 뉘앙스를 띠는 호칭으로 불리는 건 적절치 않았습니다. 확률상 드물 뿐 생명의 다양성을 이루는 소중한 사례였습니다. 저에게 그 깨달음은 경이의 순간이었고 존재하는 모든 생명 앞에서 겸허해지는 순간이었습니다.

그렇게 공부하며 어릴 적엔 미처 생각하지 못했던 사실도 배울 수 있었습니다. 손가락이 아닌 발가락도 마찬가지라는 것. 발가락 수도 다섯이 아닌 여섯, 일곱, 혹은 넷 등 다양할 수 있다는 사실을 뒤늦게 알게 되었습니다. 생명은 놀라움의 연속이었습니다. 존재하는 모든 생명은 다 이유가 있었습니다. 아직 밝혀내지 못한 생명 현상들이 훨씬 더 많지만, 이런 식으로 호기심과 상상력이 동반된 공부를 지속한다면 더 많은 생명의 신비를 더 잘 이해할 수 있겠다는 결론에 도달할 수 있었습니다.

손가락이 다섯 개가 아니라면

교과서에서나 참고 자료에서 저는 동네 형의 여섯 손가락과 같은 증상이 의외로 빈번하게 일어나고 있다는 사실을 알 수 있었습니다. 여러 통계에 따르면 대략 2,000명에서 8,000명 중 한 명꼴로 생겨난다고 합니다. 그렇습니다. 손가락 개수는 태어날 때부터, 아니 엄마 배 속에서 아기가 발생하면서부터, 즉 선천적으로 정해집니다. 유전적인 경우도 존재하지만 그렇지 않은 경우가 더 많다고 알려져 있으므로, 선천적이라는 말은 대부분 다지증Polydactylism과 합지증Syndactylism은 예방할 수 없다는 말이기도 합니다.

손가락이 다섯 개를 초과할 때, 즉 여섯 개 이상인 경우를 다지증이라고 합니다. 앞에 소개했던 동네 형이 이 경우에 해당합니다. 예외적인 경우로, 엄지, 검지, 중지, 약지, 소지로 구성되는 다섯 손가락 중 검지손가락이 없고 엄지손가락이 두 개인 경우도 다지증에 포함됩니다. 반대로 손가락이 다섯 개 미만인 경우, 즉 네 개 이하인 경우를 합지증이라고 합니다. 물론 여기서 손가락 개수는 서로 떨어진 채로 존재하는 경우를 말합니다. 일례로 오리발처럼 물갈퀴가 있는 경우에는 발가락이 있다고 말하지 않습니다. 두 손가락이 마치 초강력 접착제로 붙여놓은 것처럼 외과적인 수술을 거치지 않는 한 떨어뜨릴 수 없는 경우는 두 개가 아니라 한 개라고 봅니다. 손톱 개수는 다섯일지 모르나 손가락 수는 넷일 수 있다는 것이지요. 실제로 합지증의 경우에서 이런 현상이 관찰됩니다.

다지증이란

다지증의 경우, 동네 형처럼 엄지손가락 옆에 조그만 손가락이 하나 더 달린 경우도 있지만, 제가 공부한 바에 따르면 추가적인 손가락이 항상 그 자리에 위치하는 건 아니었습니다. 놀랍게도, 언뜻 보면 다섯 손가락을 가진 일반적인 손과 거의 다르지 않게 생긴 경우도 드물지만 존재했습니다. 착시 효과처럼 자세히 보고 세어 봐야 비로소 여섯 손가락이라는 사실을 알 수 있을 정도였습니다. 여러분도 인터넷을 검색하면 이 경우에 해당하는 사진을 쉽게 찾아볼 수 있을 것입니다. 어느 손가락이 추가적인 여섯 번째 손가락인지 말하기가 불가능할 정도로 가지런하게 자리 잡아 완전한 기능을 할 수 있는 경우인 것입니다. 만약 이들이 전문적으로 피아노를 친다면 다섯 손가락의 피아니스트보다 한 건반을 더 칠 수 있을테고, 다섯 손가락이 칠 수 없는 좀 더 복잡하고 어려운 연주도 가능하리라는 추측도 충분히 할 수 있겠습니다만, 확인된 바는 없답니다.

그러나 다지증이 있는 사람들 대부분이 동네 형처럼 추가적인 손가락이 그 기능을 정상적으로 하지 못하는 경우에 해당합니다. 그 손가락 안에 뼈가 없거나 마디가 존재하지 않는 경우도 빈번하다고 합니다. 동네 형은 엄지손가락 옆에 추가적인 손가락이 달려 있었지만, 새끼손가락 옆에 조그맣게 손가락이 하나 더 달린 경우도 많다고 합니다.

다섯 손가락이 대부분인 사회에서 그런 경우는 눈에 띄기 마련입니다. 그런데 과거와 달리 다지증을 현실에서 찾아보기 힘든 이유는 다지증이 있는 많은 사람이 유아 시기에 외과적인 수술로 추가적인 손가락을 제거하기 때문입니다. 이는 나중에 함께 살펴볼 구순구개열의 경우와 흡사합니다. 의술의 발달은 이른 시기에 선천적인 기형을 제거하여 당사자가 혹시 느낄 수치나 당할 차별을 피할 수 있는 길을 내어주고 있는 것입니다. 그렇다면 이러한 다지증은 왜 생겨나는 것일까요?

Hox 유전자의 상실

먼저 유전적인 원인을 생각해 볼 수 있습니다. 한 가지 유념할 사실은 다지증을 일으키는 유전자가 하나가 아니라는 점입니다. 밝혀진 유전자만 해도 수십 개가 됩니다. 과학이 존재하는 한 앞으로도 더 밝혀질 것입니다. 상염색체 우성으로 다지증이 부모로부터 자손에게 전달된다고 알려져 있습니다만, 보고된 다지증 사례에서 유전적인 원인은 반의 반도 채 되지 않는다고 합니다. 현재 알려진 바로는, 다지증 대부분이 유전적인 원인 때문이 아니라 산발적으로 생겨난다고 합니다. 즉, 부모가 다지증이 아니더라도 자녀에게서 다지증이 생겨날 수 있다는 말입니다. 참고로, 제 기억 속 동네 형의 부모님은 두 분 모두가 다지증이 아니었답니다.

2002년 〈네이처Nature〉에 보고된 바에 따르면, 생쥐 실험에서 Shh와 Gli3라는 두 유전자가 모두 상실되면 발가락 수가 많아진다는 보고가 있었습니다.[3] 수만 많아지는 게 아니라 발가락의 구분이 전혀 되지 않았다고 합니다. 예를 들어 사람으로 치자면 어느 발가락이 엄지발가락이고 어느 발가락이 가운데 발가락인지 모를 정도로 발가락이 많아져서 모두 비슷한 형태를 띠고 있었던 것입니다. 각 발가락의 정체성이 상실된 것이었지요.

2012년 〈사이언스Science〉에는 더 흥미로운 논문이 실렸습니다.[4] 생쥐의 발가락 수가 점진적으로 많아지는 현상을 관찰 보고한 사례였습니다. 우선 Gli3 유전자만 제거해도 발가락 수가 일곱 개에서 아홉 개로, 보통 생쥐가 다섯 개인 경우에 비교할 때 다지증을 보이고 있었습니다. 그런데 이 생쥐에게 두 개씩 존재하는 Hoxa13, Hoxd11, Hoxd12, Hoxd13 유전자 중 한 개씩만 추가로 제거했더니 발가락 수가 여덟 개에서 아홉 개로 조금 더 늘어났습니다. 한편, Hoxa13 유전자는 제거하지 않고, Hoxd11, Hoxd12, Hoxd13 유전자를 모두 제거했을 땐 발가락 수가 아홉 개에서 11개로 더 늘어나는 현상을 보였습니다. 여기에다가 추가로 Hoxa13 유전자 한 개만 더 제거했더니 발가락 수가 12개에서 14개로 더 늘어났다고 합니다. Gli3 유전자가 제거된 조건에서는 Hox 유전자가 제거되는 양에 비례하며 발가락 수가 늘어났던 것입니다. 우리는 이 생쥐 실험에서 Hox 유전자의 상실은 다지증의 원인이 될 수 있다는 결론을 얻을 수 있는 것입니다.

쪽자 할머니 이야기

제가 태어나고 자란 부산에서는 국자 위에 설탕을 올리고 천천히 데우면서 끈적한 액체가 되도록 녹인 뒤 베이킹 소다를 조금 넣어 밝은 갈색이 나게 하고, 시간이 조금 지나면 액체를 국자에서 분리한 뒤 천천히 굳히면서 여러 모양으로 만들어 과자처럼 먹는 간식, 일명 '달고나'를 '쪽자'라고 불렀습니다. 제가 어릴 적엔 동네 여기저기서 아이들이 쪼그리고 앉아 쪽자를 만들어 먹는 장면을 흔하게 볼 수 있었습니다. 저 역시 자주 먹으면서 행복해 했던 기억이 나네요. 비록 엄마에게 자주 먹으면 이가 썩는다고 혼나기도 했었지만, 그 당시를 떠올리면 입가에 잔잔한 웃음이 지어집니다.

저는 쪽자가 달고나의 경상남도 방언이라는 사실을 대학에 가서야 알게 되었답니다. 대학에 가니 여러 지방 출신들이 저마다 달고나를 다르게 부르더군요. 어떤 사람은 '뽑기'라고 부르고, 어떤 사람은 '띠기'라고 부르고, 또 어떤 사람은 '똥과자'라고 부르기도 했습니다. 참 신기했습니다. 똑같은 사물을 다른 이름으로 알고 있다는 사실이 저에겐 놀랍기도 하고 매력적으로 느껴졌습니다. 방언이라는 것도 생명체처럼 '다양성이 꽃'이라는 생각을 하게 되었답니다.

쪽자에 대한 기억을 떠올릴 때마다 저에겐 항상 함께 떠오르는 이미지가 있습니다. 제가 살던 동네 골목 끝에 있던 쪽자 집 할머니의 손입니다. 지금 생각해 보면 연세가 일흔은 되셨던 것 같습니다. 백발에 허리도 구부정하셨는데, 두 손 모두 손가락이 뭉툭하고 이상하게 보였습니다. 그렇지 않아도 쭈글쭈글한 손이었는 데다 손가락도 안으로 말려 있는 것 같아 결코 평범해 보이지 않았지만, 저를 포함한 동네 아이들은 쪽자를 해 먹으면서도 한 번도 이상하다고 생각해 본 적이 없었습니다. 어디선가 다치신 것 같기도 했고, 소아마비처럼 안짱다리셨기에 그저 그런가 보다 했습니다. 짓궂은 아이들은 마귀 할머니라고 부르기도 했지만요. 아니, 어쩌면 사람에게 관심을 가지기보다는 그저 쪽자에 눈이 팔려 동그라미, 별, 세모, 토끼 등의 문양이 찍힌 움푹 파인 곳을 조심스럽게 핀으로 누르면서 그 모양을 손상되지 않게 떼어내어 쪽자를 하나 더 먹을 수 있도록 온갖 노력을 다 기울였기 때문일지도 모르겠습니다. 아이는 아이일 뿐이었던 것이지요. 할머니의 아픔을 헤아릴 마음도 능력도 없었던 것입니다.

이제 와 생각해 보니 그 할머니의 증상은 합지증이었습니다. 신기하게도 양손이 대칭으로 똑같이 중지와 약지가 하나로 합쳐져 있었습니다. 손톱이 다섯 개였는지 네 개였는지는 기억이 나지 않습니다. 합쳐진 손가락이 각각 그 안에 뼈가 존재했는지 마디가 존재했는지도 이제 와선 알 수가 없습니다. 엑스레이를 찍어보거나 적어도 만져봐야 알 수 있는 것이니까요. 무엇보다 그 할머니는 이젠 더는 이 세상 분이 아니시겠지요.

합지증이란

여기서 놀랍고도 신기한 현상을 하나 소개해 드릴까 합니다. 합지증의 원인은 정확히 밝혀져 있지 않지만, 이것은 그 원인 중 하나로 지목되는 현상이기도 하답니다. 여러분은 손가락이나 발가락이 어떻게 생겨난다고 생각하시나요? 혹시 뭉툭한 살덩어리가 먼저 존재하고 거기서부터 손가락이나 발가락이 길쭉하게 자라 나온다고 생각하시진 않나요? 사람들 대부분은 다섯 개의 손가락과 발가락이 자라 나오고, 합지증에 해당하는 경우는 다섯 개가 아닌 네 개 이하의 가락이 자라 나오며, 다지증의 경우는 여섯 개 이상의 가락이 자라 나온다고 말이지요. 충분히 그럴듯한 생각입니다. 사실 저도 발생생물학을 배우기 전에는 그렇게 생각했답니다. 그러나 진실은 뜻밖일 때가 많습니다. 특히 살아 있는 생명체에서 일어나는 현상들은 물리현상과는 달리 예측하기가 더 어렵고 그래서 늘 더 신기하기만 합니다.

단도직입적으로 말하자면 손가락과 발가락은 장차 손이나 발이 될 살덩어리에서 자라 나오지 않습니다. 오히려 그 반대라고 할 수 있습니다. 손가락이나 발가락이 구분되지 않은 채 하나로 합쳐져 있다가 어느 예정된 시간이 오면 이미 계획된 대로 각 가락 사이의 조직이 죽으면서 비로소 손가락과 발가락이라 할 수 있는 형태로 탈바꿈하는 것이랍니다. 손가락과 발가락은 새롭게 자라 나온 것이 아니라, 그 사이의 세포들이 죽은 뒤 살아남은 구조물인 것입니다. 손가락과 발가락이 '생성물'이 아니라 '생존물'이라는 사실, 놀랍지 않나요?

눈치 빠른 분들은 합지증의 원인이 될 수 있는 하나의 기전을 여기서 이미 발견하셨으리라 봅니다. 그렇습니다. 가락 사이의 세포들이 제때 죽지 않게 되면 합지증으로 발전할 수 있습니다. 그렇다면 이 경우 세포들은 언제, 어떻게 죽는 것일까요? 이 세포들의 죽음에 대해서 조금 자세히 살펴보도록 하겠습니다.

세포들의 자살

세포자멸사는 다른 말로 '프로그램된 세포사멸Programmed cell death'이라 부릅니다. 우리 몸에서 세포가 죽는 큰 두 가지 방식 중 하나입니다. 나머지 한 방법은 많은 사람에게 부정적인 뉘앙스로 익숙한 괴사Necrosis입니다.

프로그램된 세포사멸이라는 말에서 알 수 있듯, 세포자멸사는 우리 몸에서 조절 및 통제되는 능동적인 세포사멸입니다. 이에 반하여, 괴사는 '돌발적인 세포사멸Accidental cell death'이라 표현되며,

비정상적이거나 병리학적인 원인 때문에 수동적으로 벌어지는 세포사멸입니다. 세포자멸사는 우리 몸이 어떤 목적이 있어서, 그 목적에 부합하도록 계획된 세포의 죽음이기 때문에 염증 반응 같은 부작용이 동반되지 않습니다.

그러나 괴사는 우리 몸의 계획에 없던 어떤 외부 요인 때문에 세포가 죽는 현상이라 염증 반응이 동반됩니다. 그 때문에 2차, 3차로 불필요한 문제가 생겨나기도 하지요. 이런 면에서 편의상 세포자멸사는 우리 몸이 어떤 목적을 위해 '계획된 자살'을 세포 단위에서 실행에 옮기는 행위로 볼 수 있고, 괴사는 계획에 없던 타살을 당하는 경우로 볼 수도 있겠습니다.

세포자멸사라는 단어 자체가 갖는 한계 혹은 죽음이라는 단어의 어감 때문에 세포자멸사도 괴사처럼 그 행위의 결과가 파괴에 해당한다고 여기실지 모르겠습니다. 죽으면 사라질 뿐이니까요. 그러나 생명현상에서는 죽음이 파괴가 아닌 창조의 전신으로 작용할 때가 많습니다. 앞서 언급했듯 괴사는 목적이 없지만, 세포자멸사는 목적이 있는데, 그 목적이 바로 창조라고 할 수 있습니다. 손가락 혹은 발가락이 생성되는 데 치명적으로 중요한 과정이 바로 세포자멸사입니다. 가락 사이의 세포들이 죽는 방식은 괴사가 아니라 세포자멸사에 해당합니다. 우리 몸은 이미 가락 사이의 세포들을 죽이기로 계획하고 있었던 것이지요. 손가락과 발가락을 구분 짓기 위해서 말입니다. 이러한 세포의 죽음이 동반되지 않는다면 현재 우리의 손가락과 발가락은 오리의 발처럼 가락들이 분리되지 않은 상태로 존재하게 될 것입니다. 물에서 헤엄은 잘 칠 수 있겠지만, 병원에 가면 합지증이라는 진단을 받게 될 게 뻔합니다.

이렇듯 가락을 만들기 위해 이미 멀쩡하게 존재하고 있던 세포들을 죽이는, 어찌 보면 소모적으로 보이는 과정을 우리 몸은 선택하고 있는 것입니다. 그 이유는 여전히 잘 모릅니다. 과학의 특성상 과학자들이 밝힌 것들은 '왜?'에 대한 답이 아닌 '어떻게?'에 대한 답에 국한되기 때문이기도 하고, 생명현상은, 특히 이른 배아 발생 시기에 일어나는 현상들 연구의 대부분은 아직도 미개척 분야에 속하기 때문이기도 합니다. 너무 이른 시기이다 보니 그 현상들을 관찰하여 보고하는 것만으로도 발생생물학계에서는 중요한 열매에 해당한답니다.

또 사람의 배아 발생을 윤리적인 문제로 실험실에서 구현할 수 없기 때문에 동물모델을 이용해야 하는데, 아무래도 성체를 이용하지 않고 임신한 동물의 배 속에 든 배아를 연구해야 한다는 점이 큰 한계로 작용하게 됩니다. 발생생물학은 그 중요성과는 별개로 21세기에도 여전히 20세기와 거의 다르지 않게 연구 진행이 느린 영역이라는 점을 실감할 수 있는 부분이기도 합니다.

BMP 신호체계

방금 소개한 것처럼 세포자멸사 이상 때문에 합지증이 생겨날 수 있습니다. 이때 세포자멸사 이상은 세포 단위에서 합지증이 발생하는 원인이 됩니다. 그보다 더 작은 단위, 즉 분자 단위의 원인이 그 기저에 깔려 있습니다. 세포자멸사는 우리 몸이 계획하고 통제하는 현상이라고 했습니다. 우리 몸은 이러한 조절을 분자 단위로 진행합니다. 주로 여러 단백질의 기능을 활용하는 방법을 사용합니다. 가락 사이에서 일어나는 세포자멸사의 경우 중요한 기능을 담당하는 단백질의 이름은 BMP라는 녀석들입니다. BMP2, 4, 7 등이 작용한다고 알려져 있으므로 비슷한 기능을 담당하는 복수의 단백질이라 생각하시면 되겠습니다. 이 단백질들이 또 다른 단백질들에 신호를 전달하면서 그 결과로 가락 사이의 세포들이 죽게 되는 것입니다. 즉, 이 경우 BMP 신호체계가 가락 사이의 세포사멸사를 유도하는 원인이 됩니다.

이 말을 반대로 해석하면, BMP 신호체계가 정상적으로 작동하지 않으면 세포자멸사가 정상적으로 일어나지 않는다는 말이 됩니다. 합지증을 일으키게 되는 것입니다. 실제로 BMP 신호체계를 막는 기능을 해낼 수 있는 노긴Noggin이라는 단백질을 인위적으로 발현시키면 세포자멸사가 일어나지 않고 가락의 형성이 저해된다는 생쥐 실험 보고가 1998년도에 벌써 있었답니다. 실험적으로도 BMP 신호체계가 가락 형성을 위한 세포자멸사에 중요한 역할을 한다는 사실을 증명한 것이었습니다.

HOXD13 유전자의 상실

BMP 신호체계의 이상 이외에 실제로 인간에게서 발견된 합지증의 또 다른 원인이 밝혀진 적이 있습니다. 1996년 〈사이언스〉에 보고된 논문에는 HOXD13 유전자가 사라진 사람의 양손 사진이 실렸습니다.[5] 왼손과 오른손 모두 합지증이 현저하게 보였습니다. 두 손 모두 엄지와 검지는 일반적으로 보였습니다. 뭉툭하고 마디가 사라진 것처럼 보이긴 하지만 위치는 제대로인 것처럼 보였기 때문입니다. 그러나 가운뎃손가락, 넷째 손가락, 새끼손가락은 하나로 뭉쳐져 있었습니다. 손톱이 총 다섯 개였고 손가락은 세 개인 경우였답니다. 흥미롭게도 이 사람 역시 제가 어릴 적 만난 쪽자 할머니처럼 왼손과 오른손이 대칭이었습니다.

손가락과 발가락의 경이로움

지금까지 다지증과 합지증이라는 선천적 기형을 출발점으로 하여 손가락과 발가락의 발생 과정을 부분적으로 간략하게 살펴보았습니다. 아기가 태어나는 장면을 직간접적으로 보셨던 분들은 모든 아기가 손가락과 발가락을 다 가지고 태어난다는 사실을 알고 있으리라 생각합니다. 저 역시 제 아들이 태어나던 그 순간을 탯줄을 자르는 행위와 함께 생생하게 기억하고 있습니다. 아기가 생각했던 것보다 너무 작아서 놀랐고, 생각보다 귀엽지 않아서 놀랐던 기억이 있습니다. 물론 그 당시는 정신이 없어서 미처 손가락과 발가락을 확인할 겨를이 없었지만, 나중에 아이를 씻기고 포대기에 싸여 왔을 땐 아들의 조그마한 손가락과 발가락을 하나씩 만져보며 생명의 경이로움을 느낄 수 있었습니다. 대학원을 졸업하고 아들을 맞이했기 때문에 발생생물학적인 지식이 있었음에도 불구하고 생명이 탄생하는 순간만큼은 벅찬 감정에 빠져들 수밖에 없었던 것입니다. 이 글을 읽고 여러분의, 혹은 여러분 자녀의 손가락과 발가락을 오늘 한번 살펴보시면 왠지 뭔가 다른 감정을 느끼실 수 있지 않을까 싶습니다.

입술, 입천장

성장하기 위해서 사라지는 세포들

'찢어진 입'의 악몽 같은 기억

제 주위에는 마치 토끼 입술을 연상케 하는, 비록 외과적인 수술로 봉합했지만 윗입술이 갈라진 흔적이 남은 사람이 한두 명씩 꼭 있었습니다. 지금도 저와 단짝으로 함께 운동하며 (저에게 탁구를 배웠는데 이제는 어느덧 저보다 훨씬 잘 치는) 땀을 흘리는 동료도 그중 하나입니다. 어릴 때부터 꾸준히 보고 자라서 그런지, 사람을 볼 때 제가 상대방의 외모를 그다지 신경 쓰지 않는 스타일이라서 그런지는 잘 모르겠지만, 저는 이 친구를 처음 만났을 때도 입술에 대해서는 아무런 생각이 없었습니다. 모든 사람의 얼굴이 다른 것처럼 이 친구 윗입술의 수술 자국이 저에게는 단순히 나와 다른 점 중 하나일 뿐 아무런 특이 사항이 아니었던 것이지요.

어느 날 이 친구와 대화를 하다가 그 수술 자국에 대한 주제로 넘어가게 된 적이 있었습니다. 친구는 학창 시절 수술 자국 때문에 십수 년이 지난 지금까지 선명하게 기억나는 일화를 소개해 주었습니다. 아마 트라우마로 자리 잡은 듯했습니다. 허락을 받고 그 일화를 이름이나 장소 등 구체적인 점들을 빼고 소개할까 합니다.

중학생 시절이었답니다. 친구가 수업 시간에 조금 떠들었나 봅니다. 보통 이런 일이 생기면 선생님께 한 차례 경고를 받게 되고, 반복되면 혼이 나게 되지요. 성숙한 선생님이라면 청소년 시기의 아이들이 종종 떠들기도 하고 반항하기도 한다는 점을 잘 알고 어지간해선 아이들을 이해하려고 하겠지만, 그렇지 않은 선생님들이 현실에서는 많기 때문에 개인적인 감정을 아이들에게 쏟아내는, 건전하지 못한 일이 안타깝지만 자주 벌어지곤 합니다. 저 역시 1980년대에 초등학생 시절과 1990년대 중고등학생 시절에 몇몇 선생님들에게 모욕적인 언행과 심한 폭력이 자행되는 장면들을 수차례 목격한 기억이 있습니다. 가슴 아픈 일들이고 반드시 척결되어야 하는 일들이지요.

수업 시간에 떠든 친구에게 그 당시 선생님이 다음과 같은 말을 했다고 합니다.

"조용히 안 해? 어디 찢어진 입 가지고 소란을 피워?"

제 친구는 순간 너무나도 당황스럽고 수치스러운 기분에 몸 둘 바를 몰랐다고 고백했습니다. 그렇지 않아도 윗입술에 남아 있는 수술 자국 때문에 학교에서 괜스레 위축되는 기분을 이겨내려 애써왔는데, 선생님이라는 사람이 거의 인격을 모독하는 발언, 아니 폭언을 했던 것입니다. 제 친구는 아무 말도 하지 못한 채 고개를 떨구고 상황을 모면했지만, 십수 년이 지나도 그때 그 장면은 영화 속 한 장면처럼 머릿속에 박제되어 있다고 했습니다. 각인이 된 상처는 트라우마가 된 것이지요. 그 이후 자신의 윗입술을 거울을 통해 볼 때마다 누구를 원망해야 할지 모른 채 한동안 수치심과 함께 분노를 느끼고 다스리느라 힘든 나날들을 보냈다고 합니다.

학생의 신체적 특징을 그렇게 공개적으로 드러내어 모독을 주었던 그 선생님의 행위는 용서받지 못할 것입니다. 굳이 하지 않아도 될 말을, 아니 머릿속으로 생각해도 이미 충분히 모욕적인 그 말을 그렇게 함부로, 그것도 아직 아무것도 모르는 어린 중학생을 향해 내뱉다니요! 덤덤하게 과거 일을 말하는 친구의 말을 들으며 저는 화가 너무 많이 나서 가슴이 한동안 쿵쾅댔었답니다.

덧붙여 그 일은 자신의 성격 형성에 지대한 영향을 끼친 것 같다고도 말했습니다. 그 말을 듣고 가슴이 무너지는 것 같았습니다. 선생님의 한마디가 한 아이의 인생을 좌우할 수도 있다는 사실을 다시 생각하기도 했습니다. 그 일화를 이 책에 공개해도 된다고 허락해 준 제 친구에게 위로를 전하고, 다시는 그런 선생님이 현장에서 나오지 않기를 소망하게 됩니다.

구순열이란

앞서 소개한 제 친구의 경우를 구순열Cleft lip 혹은 입술갈림증이라고 합니다. 임신 4주에서 10주 사이, 코, 입술, 입천장, 구강, 턱 등과 함께 얼굴이 형성되는 시기에 일어나는 선천적인 기형입니다.

구순열도 크게 두 가지로 구분됩니다. 제 친구의 경우처럼 윗입술의 한 군데에서만 증상이 나타나는 경우도 있지만, 두 군데에서 윗입술이 갈라지는 증상을 보이는 경우가 있기 때문입니다. 이를 각각 한쪽(편측, 일측)입술갈림증(구순열), 양쪽(양측)입술갈림증(구순열)이라고 부릅니다.

증상의 정도도 사람마다 다르답니다. 그 정도에 따라 구순열을 다시 두 가지로 나뉩니다. 하나는 완전구순열입니다. 윗입술만이 아니라 콧구멍까지 갈라진 경우를 말합니다. 다른 하나는 불완전구순열입니다. 윗입술만 갈라진 경우에 해당합니다. 제 친구의 경우는 한쪽불완전구순열이었다고 합니다. 가장 증상이 약한 경우였지요.

구개열이란

구개열Cleft palate은 입천장갈림증과 같은 말입니다. 질병관리청 국가건강정보포털에는 구개열에 대한 다음과 같은 소개가 있습니다.[6]

> 구개열은 목젖이 두 개로 나타나는 것이 특징입니다. 대부분의 구개열의 경우에는 출생 시에 진단이 가능합니다. 하지만 점막하 구개열은 점막에는 갈라짐이 없어 입천장의 갈라짐이 보이지 않고 점막 속의 근육 및 뼈층만 갈라져 있기 때문에 진단이 늦어질 수 있습니다. 따라서 소아과에서 시기에 맞춰 영유아 검진을 받고 아이의 발음 특히 지나친 비음(콧소리)이 나는 경우 등에 관심을 가져야 합니다.

입술이 갈라지는 구순열은 비교적 눈에 잘 띄기 때문에 산전 진찰에서 진단받는 경우가 많지만, 입천장이 갈라지는 구개열은 정도가 약한 경우, 즉 앞의 소개처럼 외부로 드러나지 않는 부분인 점막 아래에서 생기는 경우에는 발견하기가 쉽지 않습니다. 나중에 아이의 증상을 미루어 짐작하고 병원에 가서야 진단받게 되는 경우도 많다고 합니다.

구개열도 구순열과 마찬가지로 한쪽에서만 발생하는지 양쪽 모두에서 발생하는지에 따라 두 가지로 나눌 수 있습니다. 그리고 점막 아래에서 발생하는지 점막 위에서 발생하는지에 따라서도 두 가지로 구분됩니다. 점막하구개열은 입천장이 갈라지지 않고 목젖만 갈라진 증상이 나타납니다.

한편 점막 위에서 발생한 구개열은 다시 두 가지로 구분되는데요. 이 두 가지는 모두 목젖만이 아니라 입천장까지 갈라진 경우에 해당합니다. 하나는 완전구개열로서, 절치공Incisive foramen이라 불리는 앞니 구멍을 기준으로 할 때, 기준보다 더 갈라진 경우를 의미합니다. 나머지 하나는 불완전구개열인데요. 완전구개열과는 달리 앞니 구멍보다 덜 갈라진 경우를 말합니다.

참고로, 흔히 구순열 증상을 보이는 사람을 낮춰 부르는 '언청이'는 구순열을 뜻하며 구개열은 다른 질환입니다. 가끔 구순열과 구개열이 동반되는 경우도 있지만, 항상 그런 것은 아닙니다. 구순열만 보이는 사람이 있는 반면, 구개열만 보이는 사람도 많답니다.

구순구개열이란

구순구개열Cleft lip and palate은 입술과 입천장이 동시에 갈라진 경우입니다. 이 증상 역시도 한쪽에서만 생길 수 있고 양쪽 모두에서 생길 수 있습니다. 그리고 역시 정도에 따라 완전구순구개열과 불완전구순구개열로 구분할 수 있습니다. 완전구순구개열은 완전구순열과 완전구개열이 동시에 일어난 경우이고, 불완전구순구개열은 나머지 구순구개열을 모두 일컫는 용어입니다. 그러므로 완전구순구개열의 경우 아래쪽에서는 목젖부터 시작해서 위쪽으로는 콧구멍까지 갈라짐이 이어지는 현상을 보이게 됩니다. 참고로 앞에 소개한 제 친구의 경우에는 구개열은 동반되지 않았다고 합니다.

구순구개열의 발생 빈도, 분포, 원인

2022년에 출간된 한 리뷰 논문에 따르면 구순구개열의 발생 빈도는 살아서 태어난 아이 500명에서 2,500명 중 한 명꼴이라고 합니다.[7] 질병관리청 정보에 따르면, 가족 구성원 중에 구개열이 있는 경우는 그렇지 않은 경우에 비하여 구개열 발생 빈도가 증가하는 경향이 관찰된다고 합니다.[8] 구순열만 있는 경우와 구순열과 구개열이 동시에 있는 경우의 비율은 1대2 정도이며, 구순열은 왼쪽에 오는 경우가 오른쪽에 오는 경우보다 두 배 많다고 합니다. 상대적으로 양쪽에 동시에 오는 빈도는 낮은 편입니다.

구순구개열의 원인은 아직 정확하게 밝혀지지 않았습니다만 확실한 사실 한 가지는 그 원인이 다양하다는 것, 그리고 유전적인 원인만이 아니라 환경적인 원인이 함께 작용한다는 것입니다. 질병관리청에 따르면, 현재까지 밝혀진 환경적인 요인으로는 어머니의 건강 상태 및 약제 복용 등이 있다고 합니다.[9] 구체적인 예로는 임신 중 어머니의 영양 문제, 비타민 부족, 저산소증, 음주 및 흡연과 레티노이드 제제, 항경련제 복용 등이 있습니다. 이밖에도 염색체 이상과 같이 유전적인 요인도 구개열 발생에 영향을 미치는 것으로 보고되고 있으나 그 연관성에 대해서 지속해서 연구하고 있다고 합니다.

윗입술 및 구순열의 발생

지금까지 살펴본 구순열은 모두 아랫입술이 아니라 윗입술에서만 발생한다는 사실을 알아채신 분이 계실지 모르겠습니다. 우리는 모두 윗입술과 아랫입술을 가지고 있습니다. 위아래 입술이 입을 형성하고, 입술 안쪽에는 잇몸과 이가 정렬하고 있지요. 더 안쪽에는, 위로는 입천장이 있고, 아래로는 혀가 있습니다. 더 안쪽에는 목젖이 있습니다. 그보다 더 안쪽은 입이 아닌 식도에 해당하게 되지요. 이 모든 기관과 조직들이 배아 시기에 형성된다는 사실이 놀랍게 느껴지지 않으신지요? 대학원생 때 발생생물학을 배운지 벌써 20년이 지났건만, 여전히 저에게 생명의 발생 과정은 경이의 세계에 속한답니다.

윗입술과 아랫입술은 서로 독립적으로 형성된다는 사실도 여러분께 흥미롭게 다가가지 않을까 합니다. 순서로 보자면 윗입술이 아랫입술보다 먼저 형성됩니다. 따라서 윗입술에만 생기는 구순열도 아랫입술이 형성되기 전의 사건에 해당한답니다.

윗입술은 얼굴 중앙의 왼쪽과 오른쪽에 쌍으로 있는 안쪽코돌기Medial nasal processes가 가운데로 모이는 동시에 그 바로 아래에 있는 위턱돌기Maxillary processes와 융합하면서 형성됩니다. 얼굴 정가운데에 안쪽코돌기가 모여 있고 그 좌우로 위턱돌기와 융합하는 모양새를 이루게 됩니다. 결과적으로 두 군데에서 융합이 이루어지게 되는 것이지요. 공교롭게도 이 대칭적인 두 융합 선은 구강에서 나중에 콧구멍이 될 공간을 잇습니다. 다시 말해, 융합이 제대로 일어나지 않게 되면 구강과 콧구멍 사이로 난, 윗입술을 가로지르는 선에 틈이 생기게 되어 갈라짐 현상을 일으키게 된답니다. 이게 바로 구순열이지요. 그리고 이 모든 과정은 임신 후 4주에서 7주 사이에 일어나는 일들입니다.

입천장 및 구개열의 발생

입천장의 형성도 흥미로운 건 마찬가지입니다. 입천장이 하나밖에 없다고 생각하시겠지만, 발생 과정을 살펴보면 두 번에 걸친 입천장 형성을 관찰할 수 있기 때문입니다. 1차와 2차에 걸쳐 형성되는 두 입천장 조직이 마치 하나인 것처럼 융합되면서 우리가 아는 입천장이 형성됩니다.

1차 입천장은 윗입술이 형성되는 임신 4주에서 7주 사이에 함께 형성되는 반면, 2차 입천장은 그 이후인 7주에서 10주 사이에 형성됩니다. 위턱돌기에서 자라 나온 구개판Palate plate이라는 조직이 입천장이 될 공간의 좌우에 쌍으로 생겨나고 가운데로 모이면서 서로 융합이 일어나게 됩니다. 이어서 이미 형성된 1차 입천장과 방금 형성된 2차 입천장도 융합 과정을 겪으면서 마침내 하나의 온전한 입천장이 형성되게 됩니다. 이러한 융합이 잘 일어나지 않으면 구개열이 발생하게 됩니다. 구순열이나 구개열이나 모두 조직이 가운데로 모이면서 융합되는 과정의 실패 때문에 발생하는 것이지요.

우리가 발생생물학을 공부하는 이유

500명에서 2,500명 중 한 명꼴로 발생하는 구순구개열을 경험하는 사람들은 우리 이웃에서도 어렵지 않게 찾을 수 있습니다. 21세기 현대 사회에서는 의학과 과학의 발달 때문에 구순구개열을 가지고 태어난 아이들 대부분은, 생후 수개월 이내에 성형외과적인 수술로 구순구개열 없이 태어난 아이들과 마찬가지로 일생을 살아갈 수 있습니다. 그럼에도 앞에서 소개한 제 친구의 사례처럼 이들은 어릴 적부터 외모 때문에 자신감을 잃어버리는 상황에 노출될 경우가 많습니다. 그리고 그 자신감 상실 사건은 구순구개열을 겪지 않은 채 태어난 다수 때문에 일어나게 됩니다. 소수자에 대한 폭력에 해당한다고 말할 수 있을 것입니다. 우리 대부분은 그 폭력의 주동자가 아닙니다. 예측하건대 그냥 분위기를 파악하고 대세에 휩쓸려가는 것이 안전하니, 익명성이 보장된다면 슬그머니 그 폭력에 암묵적으로 가담하게 되는 경우가 대다수이지 않을까 싶습니다.

그러나 그런 분들에게 한 가지 꼭 알려드리고 싶은 사실이 있습니다. 이미 구순구개열로 인한 육체적, 정신적 어려움은 부모, 가족과 더불어 본인 스스로가 충분히 겪어냈고 또 겪고 있다는 사실입니다. 저는 이들이 앞으로 더는 불필요한 어려움을 겪지 않길 바라는 소망을 가져봅니다. 그 시작은 바로 다수에 속한 사람들의 자세에 달려 있을 것입니다. 신체적인 차이를 놀림감으로 만드는 건 너무나도 경박한 사적이고 집단적인 이기주의의 일환일 것입니다. 저는 믿고 싶습니다. 소수자가 자신감을 잃지 않는 문화를 충분히 만들 수 있다고 말입니다. 이 책의 숨은 의도 중 하나도 바로 이것입니다. 여러 증후군과 질병을 공부하고 이해하는 목적 중 하나도 바로 이것입니다. 다양성 존중, 소수자에 대한 이해와 수용. 생명의 다채로움은 경이롭기 그지없다는 사실. 꼭 기억해 주셨으면 합니다.

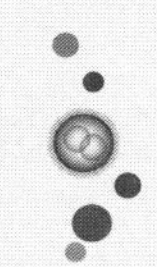

쌍둥이

발생축 이상에서 살아남은 생존자들

쌍둥이의 세 가지 유형

1. 일란성쌍둥이

주산 학원에 다닌 적이 있습니다. 때는 20세기 말, 1989년이었습니다. 제가 다닌 주산 학원에는 표어처럼 어떤 글귀가 적혀 있었습니다. 정확한 문장은 잊어버렸지만, 컴퓨터 시대가 와도 주산은 살아남는다는 골자였습니다. 물론 그로부터 몇 년 사이에 전국적으로 주산 학원은 거의 다 종적을 감추었습니다. 약속이라도 한 듯 모두 속셈 학원이나 컴퓨터 학원으로 바뀌었습니다. 그 흐름엔 아무런 망설임도 없었고 속전속결로 이루어졌습니다.

주산 학원은 사라졌지만, 여전히 지금 제 머릿속에는 주판이 살아 있습니다. 비록 먼지가 끼고 빛이 바랬으며 아직은 투박하더라도 최소한의 기능은 살아 있습니다. 저는 주판 사용하는 방법 이외엔 암산하는 다른 쉬운 방법을 알지 못합니다. 그러고 보면 그 표어 같은 글귀는 적어도 제겐 훌륭하게 성취된 셈이네요.

그 변화의 시기에 저와 함께 주산을 배우던 친구 중에 쌍둥이 형제가 있었습니다. 일란성쌍둥이였습니다. 매일 봐도 둘을 분간하기 어려웠습니다. 얼굴 생김새며, 키며, 머리 스타일이며, 몸의 크기뿐 아니라 목소리까지 비슷했기 때문입니다. 옷도 왜 그렇게 세트로 입는지! 그들의 부모님은 어떻게 둘을 분간하시는지 저는 그 이후로도 일란성쌍둥이를 볼 때마다 궁금해지곤 합니다. 하지만 그 당시 저는 어쨌거나 둘을 구분할 필요가 있었고 나름대로 방법을 찾아야만 했습니다. 몇 분 일찍 엄마 배 속에서 태어난 형뻘인 녀석은 동생보다 왼쪽 귀가 더 뾰족했고, 점 하나가 눈에 띄게 박혀 있었습니다. 일란성쌍둥이라고 해서 모든 부분이 똑같을 수는 없으니까요.

태어나 처음 본 쌍둥이 형제와 함께 주산 학원을 다녀서 그런지 그 이후로 쌍둥이를 만날 때면 신기하다는 생각보다는 자연스럽게 둘을 어떻게 구분할지를 먼저 생각하게 됩니다. 마치 틀린 그림 찾듯이 둘 사이의 차이점을 찾아내려고 애씁니다.

2. 이란성쌍둥이

여러분은 이란성쌍둥이를 본 적이 있으신가요? 저는 있습니다. 성인이 된 이후 제가 속한 어떤 단체에서 만난 그들은 형제나 자매가 아닌 남매였습니다. 성이 달라서 그런지 그들을 소개받지 못했다면 저는 끝까지 그들이 쌍둥이라는 사실을 몰랐을 겁니다. 일란성쌍둥이 경우에는 다른 점을 찾아내는 게 어려웠는데, 이란성쌍둥이 경우에는 오히려 닮은 점을 찾아내는 게 어려웠던 것입니다.

여러분 중에 일란성쌍둥이는 많이 봤어도 이란성쌍둥이는 잘 보지 못했다는 분들이 계실지 모르겠습니다. 아마도 그건 어지간해선 이란성쌍둥이는 그들이 스스로 밝히지 않는 이상 알아채기 힘들기 때문일 것입니다. 통계를 보더라도 이란성쌍둥이가 일란성쌍둥이보다 발생 비율이 약 두 배가량 높답니다.[10] 난임 문제로 인공수정이나 시험관 아기 시술을 하는 경우 이란성쌍둥이가 빈번하게 관찰된다는 것은 이미 널리 알려진 사실이지요. 확률상 여러분이 일란성쌍둥이를 지금까지 만약 세 쌍을 보았다면, 이란성쌍둥이는 여섯 쌍 정도를 보신 거라고 생각하면 됩니다. 하기야 아무리 쌍둥이라고 해도 둘이 항상 같이 다니는 것도 아니기 때문에 대부분은 쌍둥이 중 한쪽만 보게 되었겠지만 말입니다. 물론 유아 시기의 이란성쌍둥이라면 그 집에 놀러 가서 확인할 기회를 어렵지 않게 얻을 수는 있었겠네요.

3. 결합쌍둥이

한편, 인생의 절반 이상을 살았는데 아직 단 한 번도 제 두 눈으로 직접 본 적이 없는 쌍둥이가 있습니다. 아마 여러분도 마찬가지이지 않을까 합니다. 영화나 〈세상에 이런 일이〉 같은 텔레비전 프로그램에 나올 법할 정도로 매우 드물고 특별한 경우이기 때문입니다.

머리를 포함한 몸의 일부를 공유하는 쌍둥이의 공식 명칭은 결합쌍둥이Conjoined twin입니다. 우리에게 친숙한 이름은 '샴(시암)쌍둥이Siamese twin'인데요. 공식 명칭보다 이 이름이 고유명사처럼 대중에게 더 잘 알려진 이유는 19세기 초, 태국의 시암Siam 지방

벙커 형제

에서 태어나 63년을 살았던 결합 쌍둥이 형제의 존재 때문입니다. 그들이 바로 그 유명한 '벙커 형제Chang and Eng Bunker'랍니다.

놀랍게도 벙커 형제는 서로 다른 두 인격체가 몸의 일부를 공유하여 평생 함께하지 않을 수 없었는데도 불구하고, 각자 결혼도 하고 자녀도 낳았으며 당시 평균 수명을 살았습니다. 잠시 눈을 감고 그들의 일상이 어떠했을지 상상해 보면 어떨까요? 서로 몸이 붙어 있으니 어디를 가도 함께 가야 합니다. 사생활이 보장되어야 하는 화장실은 물론이고 각자의 첫날밤도 함께하지 않을 수 없었겠지요. 벙커 형제는 이렇게 기구한 삶을 살 수밖에 없는 결합쌍둥이였지만 사실 그들은 생존자들이었습니다. 저는 이것이 우리가 결합쌍둥이를 바라보는 관점이어야 한다고 생각합니다.

보통 결합쌍둥이는 태어나지도 못한 채 엄마 배 속에서 죽습니다. 태어나더라도 얼마 지나지 않아 곧 죽게 됩니다. 이런 점을 감안하면 벙커 형제 같은 경우는 정말 이례적이었던 것이지요. 그것도 끝까지 분리 시술도 하지 않은 채로 말이지요. 어떻게 이게 가능했을까요?

벙커 형제는 몸이 서로 붙어 있었지만, 그 정도가 다른 결합쌍둥이에 비해 미미한 정도였다고 볼 수 있겠습니다. 겉모습은 가슴의 일부만 붙어 있는 것처럼 보입니다. 그리고 내부 장기 관점에서 보면 서로 공유하는 장기가 간밖에 없었다고 합니다. 간 이외에 모든 장기는 각자가 독립적으로 가지고 있었던 것이지요. 그렇다면 궁금해집니다. 이렇게 다른 세 종류의 쌍둥이는 어떻게 만들어지는 걸까요?

쌍둥이의 발생학적 원인

사람의 경우, 수정란이 생긴 이후 8주에 이르는 시기를 배아 시기라고 합니다. 그 이후 40주까지 엄마 배 속에 있는 아이를 태아라고 합니다. 모든 임신 기간이 다 중요하지만, 아이에겐 태아 시기보다 배아 시기에 더 드라마틱한 변화가 일어납니다. 수정란이라는 하나의 세포가 변모하여 비로소 사람 모습을 띠기까지를 배아라고 부릅니다.

태아 시기는 겉으로 보기에는 크기가 성장한 정도로 보일 수 있을 만큼 배아 시기에 일어난 변화를 거의 그대로 간직하는데, 새로운 기관이나 조직이 생겨나는 것보다는 이미 생겨난 기관과 조직이 점차 완성되어 가며 제 기능을 담당하게 되는 시기입니다. 앞에서 살펴본 세 가지 다른 쌍둥이도 태아가 아닌 배아 시기에 모두 결정이 된답니다. 수정란이 생긴 후 두 달 안에 모든 쌍둥이가 결정된다는 말입니다. 물론 조금씩 시기가 다르긴 하지만요. 조금 더 자세히 알아보겠습니다.

1. 일란성쌍둥이의 발생

일란성Monozygotic, One-egg, Identical쌍둥이는 약 400명 중 한 명꼴로 생겨난다고 합니다. 일란성이라는 이름에서 알 수 있듯, 난자 하나와 정자 하나가 만든 하나의 수정란이 둘로 분리되어 생기게 됩니다. 수정란 대부분은 둘로 분리되지 않은 상태에서 세포분열과 분화 과정을 거치며 배아가 되고 태아가 됩니다. 쌍둥이로 태어나지 않은 사람의 경우에 해당하지요. 그러나 아주 드물게 수정란이 난할Cleavage이라는 세포분열 과정 중 두 개로 분리될 때가 있습니다. 각각 동일한 DNA를 나눠 가진 채로 남은 발생 과정을 거치게 된답니다. 하나의 수정란이 둘로 나뉘는 원인에 대해서는 유전적인 문제도 아니고 무작위적으로 생겨난다는 경우가 여럿 보고되어 있지만, 아직 정설은 없습니다. 원인이 하나가 아니라는 것은 분명해 보입니다.

2. 이란성쌍둥이의 발생

이란성Dizygotic, Two-egg, Fraternal쌍둥이는 이란성이라는 단어로부터 알 수 있듯, 두 개의 난자와 두 개의 정자가 각각 수정란을 만들고 각각이 발생 과정을 독립적으로 거치면서 탄생하게 됩니다. 시험관 아기 시술을 하게 될 경우, 산모에게 배란 유도제를 투여해서 복수의 수정란을 이식하기 때문에 이란성쌍둥이의 발생 빈도가 높아집니다. 수정란의 생성부터 서로 다른 개체가 되는 것이지요. 대부분 좌우에 대칭으로 존재하는 난소에서 난자가 매달 번갈아서 하나씩만 배란되는데, 어쩌다가 한쪽에서 두 개 이상의 난자가 배출되거나, 양쪽에서 모두 난자를 배출하게 될 경우, 이란성쌍둥이 발생 확률이 높아지게 된답니다. 서로 다른 난자와 서로 다른 정자의 만남으로 생기기 때문에 각 수정란이 가진 DNA 세트는 다를 수밖에 없습니다. 그 차이는 쌍둥이가 아닌 형제, 자매, 남매들의 차이와 같습니다. 즉 겉모습이 닮은 확률도 형제, 자매, 남매들의 닮은 확률과 같습니다. 그러니 이란성쌍둥이를 우리가 현실에서 쉽게 알아볼 수 없는 것이지요.

3. 결합쌍둥이의 발생

결합쌍둥이는 일란성쌍둥이의 일종입니다. 이란성쌍둥이의 경우처럼 두 난자와 두 정자가 만든 두 수정란에서 비롯되는 게 아니라, 일란성쌍둥이처럼 하나의 수정란이 둘로 나뉘어서 생겨나기 때문입니다. 그러나 둘로 나뉘는 시기가 앞에서 배운 일란성쌍둥이의 경우와 조금 다릅니다. 발생 과정 중 난할 과정에서 둘로 분리되는 경우가 일란성쌍둥이라면, 결합쌍둥이는 수정란 형성 후 두 주 정도가 지나면 시작되는 낭배형성 시기, 즉 난할 시기 바로 다음에 진행되는 시기에 발생한 우연한 결합 때문에 생겨난다고 합니다. 확률은 예상할 수 있듯이 일란성이나 이란성쌍둥이의 발생 확률보다 훨씬 적습니다. 약 20만 명 중 한 명꼴로 알려져 있습니다.

수정부터 시작한 초기 세 단계의 발생 과정은 순서대로 수정, 수정 후 세포분열 단계인 난할, 그리고 낭배형성입니다. 이란성쌍둥이는 첫 번째 수정 단계에서, 일란성쌍둥이는 두 번째 난할 단계에서, 결합쌍둥이는 세 번째 낭배형성 단계에서 생기게 됩니다. 낭배형성이 수정 후 두 주 정도 지났을 때 시작되므로 쌍둥이의 발생은 굉장히 이른 시기에 결정되는 것입니다. 보통 여성들은 본인이 임신했다는 사실을 알게 되는 시기가 임신 후 4주에서 5주 정도가 지났을 때인데, 이때는 이미 쌍둥이인지 아닌지 결정이 끝난 상태인 셈이지요.

결합쌍둥이의 발생 기전을 앞에서는 '우연한 결함'이라고 막연하게 설명했는데, 이 결함을 조금 더 자세하게 살펴보기 위해서는 먼저 낭배형성 시기를 조금 더 깊게 이해할 필요가 있습니다.

인생에서 가장 중요한 시기

수정 후 두 주 정도가 되면 드디어 배아는 낭배형성 시기를 맞이합니다. 저명한 발생학자 루이스 월퍼트Lewis Wolpert는 "당신의 인생에서 진정 최고로 중요한 시기는 출생도 결혼도 죽음도 아닌 낭배형성이다"라고 말했답니다. 뭔지는 모르겠지만, 낭배형성 시기는 발생학적인 측면에서 굉장히 중요하다는 것이지요. 도대체 그 이유는 무엇일까요? 아무래도 이참에 배아 시기를 간략하게 살펴보는 게 좋겠습니다. 혹시나 현재 임신 중이시거나 임신할 계획이 있으신 분들이라면 특별히 주의 깊게 살펴보시길 권유합니다.

수정란이 형성되고 일주일 정도 지나면 난할 단계를 지나 배반포Blastocyst 상태로 접어듭니다. 난할은 세포 수가 2의 제곱으로 늘어나는 단계를 말한다고 생각하시면 됩니다. 수가 많아지지만, 겉으로는 세포들을 구분할 수 없을 만큼 다 비슷하게 보이는 단계라고 할 수 있습니다. 그러나 배반포 상태에 접어들면 모습 자체가 달라지게 됩니다. 더는 세포 덩어리로 보이지 않고 어떤 일정한 모양을 하게 되거든요.

배반포는 크게 두 가지 세포로 나뉩니다. 장차 배아가 될 내세포괴Inner cell mass와 그 배아를 지지하게 될 영양막Trophoblast으로 구분이 됩니다. 위치도 달리합니다. 내세포괴는 배반포의 안쪽에 안전하게 위치하고, 영양막은 내세포괴를 둘러싸고 배반포의 가장자리에 위치하게 됩니다. 세포가 분열만 하는 게 아니라 드디어 이동도 하고 자리도 잡으면서 어떤 모양새를 만들어내는 것이지요. 참고로, 배아줄기세포Embryonic stem cell라는 말을 어디선가 들어보신 적이 있다면, 바로 내세포괴가 배아줄기세포의 근원입니다. 저처럼 실험용 생쥐로 줄기세포를 연구하는 생물학자들은 생쥐의 배아줄기세포를 자주 활용하는데 생쥐의 배반포에서 채취한답니다.

배반포 상태가 되는 동안에도 수정란은 계속해서 데굴데굴 굴러 천천히 나팔관 안쪽에서 바깥쪽으로, 즉 자궁을 향해 나아갑니다. 드디어 자궁에 착상하게 되는 시기로 접어드는 것이지요. 이를 위해 여성은 매달 생리로 자궁벽을 두껍게 했다가 허무는 과정을 반복하고 있었습니다. 엄마라는 이름으로 불리기 훨씬 전, 청소년 시기에 이차성징을 거칠 때부터 준비해 오고 있었던 것입니다. 태어날 때부터 가지고 있던 난자는 이차성징을 거치면서 한 달에 하나씩 배란이라는 과정으로 난소에서 출발합니다. 우리는 이것을 생리라고 부르지요. 아빠에게서 온 정자를 만나기까지 얼마나 많은 난자가 사용되었을까요? 각자가 다르겠지만 호기심으로 한번 세어보는 것도 나름대로 의미가 있겠습니다. 배반포가 두꺼워진 자궁벽에 착상하게 되면 여성은 이젠 자궁벽을 허물 필요가 없게 됩니다. 드디어 임신이 된 것입니다. 수정란이 생긴 후 일주일 정도 지난 시점입니다.

결합쌍둥이의 비밀

자궁에 착상을 하게 되면 영양막이 본격적인 일을 시작하게 됩니다. 내세포괴의 본격적인 배아 발생이 드디어 시작되는 것입니다. 내세포괴는 세포 간의 신호를 주고받으면서 새로운 위치로 이동하게 됩니다. 새로운 위치에 자리 잡으면 새로운 이웃 세포들이 생기게 됩니다. 그들과의 상호 작용이 가능해지는 것이지요. 이런 일련의 과정을 겪으면서 원시선Primitive streak이라는 일시적인 구조물을 형성하게 되는데요. 일시적인 이유는 곧 사라지게 되기 때문입니다. 자, 원시선까지 소개했으니 이제 다 왔습니다. 결합쌍둥이의 기원을 푸는 열쇠가 바로 원시선이기 때문입니다.

원시선은 처음으로 배아에서 축이 생기게 합니다. 자궁에 착상한 이후의 배아에 드디어 방향성이 생겨나는 것입니다. 축은 세 가지로 생각해 볼 수 있습니다. 전후, 등배, 그리고 좌우 축입니다. 우리가 잘 아는 사람의 모습을 머릿속에 떠올려보거나 그림 혹은 사진을 보시면 쉽게 이해할 수 있습니다. 전후 축은 입에서 항문으로 이어지는 축이고, 등배 축은 사람에게선 앞면과 뒷면으로 이어지는 축이며, 좌우 축은 왼쪽과 오른쪽을 나누는 축입니다. 여기서 원시선은 전후 축이 생기게 한답니다.

원시선은 축뿐만 아니라 세 가지 배엽의 형성, 즉 낭배형성의 첫 신호가 됩니다. 아마도 눈에 잘 그려지지 않을 테고 상상하기 어렵겠지만, 배엽이란 우리가 잘 아는, 심장이나 위장 혹은 피부 같은 모든 기관 및 조직이 장차 만들어질 전구 단계의 다능한 세포 집합이라고 생각하시면 되겠습니다. 그리고 세 가지 배엽 역시 원시선처럼 일시적인 구조물입니다. 이 시기의 배아를 낭배라고 부른답니다. 낭배형성 시기를 대표하는 가장 큰 특징이라면 원시선의 형성과 세 가지 배엽의 형성이라고 할 수 있는 것이지요.

이왕 설명한 김에 세 가지 배엽이 어떤 기관이나 조직으로 변화하는지 간략하게 살펴보겠습니다. 내배엽은 세 가지 배엽 중 가장 안쪽에 위치하며 소화계, 내분비계, 호흡계 기관으로 분화하게 됩니다. 중배엽은 내배엽과 외배엽 중간에 위치하며 근골격계, 순환계, 생식계, 배출계 기관과 결합조직으로 분화하게 됩니다. 외배엽은 가장 바깥에 위치하며 신경계 기관과 상피조직으로 분화하게 됩니다. 본격적으로 우리가 아는 기관과 조직 이름이 등장하는 시기로 접어들기 직전의 시기가 바로 낭배형성 시기라고 아시면 되겠습니다. 굉장히 중요한 단계이지요.

루이스 월퍼트가 말한 낭배형성이 중요한 이유도 여기에서 찾을 수 있습니다. 바로 이 시기에 장차 모든 장기의 발달이 일어날 전구체의 모습이 갖춰지기 때문입니다. 낭배형성 단계에서 결함이 생기면 배 속 아이는 대부분 발달을 멈추고 죽게 됩니다. 만약 결함이 생겼는데도 죽지 않는다면, 기형을 가진 채 아이가 태어나게 됩니다. 겉으로 보이는 기형도 있지만, 내부 장기에 문제가 생긴 경우도 있답니다. 한 가지 대표적인 사례가 바로 결합쌍둥이의 탄생입니다.

낭배형성이 시작되는 장소이자 배아 단계의 일시적 구조물인 원시선이 알 수 없는 이유로 한 개가 아닌 두 개가 생겨나고, 그 둘이 서로 완벽하게 분리되지 않은 채 특정 부위만 붙어 있는 상황이 결합쌍둥이의 발생 기원이라고 알려져 있습니다. 두 개의 원시선이 완전하게 분리가 되면 일란성쌍둥이와 같은 과정으로 진행되겠지만, 불완전하게 분리가 되면 결합쌍둥이가 되는 것입니다.

어느 부분이 얼마나 붙어 있는지에 따라 결합쌍둥이가 서로 공유하는 부위가 결정나게 됩니다. 벙커 형제의 경우를 떠올려보면 그들은 가슴의 일부를 공유했다는 사실을 알 수 있습니다. 아시다시피 원시선은 전후 축을 형성합니다. 입에서 항문으로 이어지는 긴 선을 상상해 보시기 바랍니다. 그러면 가슴이 위치하는 부위는 대충 입과 항문 중간 정도일 테고 항문보다는 입 쪽에 가깝다는 것을 어렵지 않게 유추할 수 있으실 겁니다. 이 말인즉슨, 원시선이 두 개가 생겨날 때 앞쪽 끝이나 뒤쪽 끝이 아니라 벙커 형제의 경우는 중간보다 조금 앞쪽에서 불완전 분리가 일어났다는 사실을 알 수 있습니다. 만약 머리가 붙은 채로 태어났다면 원시선의 앞쪽 끝이 붙고 나머지는 분리된 경우로 유추할 수 있고, 머리부터 배까지 붙은 경우라면 원시선의 앞쪽 끝부터 중간까지 붙어 있었다고 유추할 수 있겠습니다.

우리는 생존자다

세 가지 쌍둥이의 발생학적인 기원에 대해서 살펴봤습니다. 앞서 잠시 언급했지만, 우리가 결합쌍둥이를 바라보는 시선이 중요합니다. 그들이 어떻게 생겨났는지 아는 이러한 지식이 사람의 겉모습만 보고 함부로 판단하고 차별하는 색안경을 깨뜨려주길 간절히 바랍니다. 특히 여기서 다룬 여러 기형과 증후군에 해당하는 이들을 바라보는 우리의 눈이 이 책 덕분에 조금은 더 따뜻해지길 소원합니다. 오해와 편견과 선입견에서 벗어나 그들을 우리와 같은 사람으로, 동등한 인격체로 대하는 관점이 생겨나길 바랍니다. 우리는 모두 (한 번 사정될 때 정자의 개수가 적어도 2억 개에서 3억 개라는 전제에서) 수억 분의 1의 확률을 뚫고 태어났습니다. 어떻게 보면 우린 이미 생존자들인 셈이지요. 결합쌍둥이는 그 확률을 넘어 죽을 고비까지 수차례 넘긴, 극히 드문 확률을 뚫고 태어난 생존자들이라는 사실을 잊지 않으면 좋겠습니다. 발생학적인 지식이 한낱 무미건조한 정보를 제공하는 수단이 아니라 사람을 인격적으로 존중하는 길잡이가 되면 좋겠습니다.

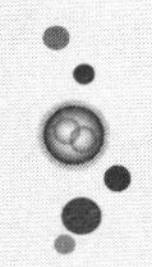

다운증후군

경이로운 우연의 결과, 염색체

특별한 생일 파티

중학생 시절 엄마의 친구 집에 간 적이 있었습니다. 아마도 그 집 둘째 아이의 생일을 축하하기 위해서였습니다. 가족도 친척도 아니고, 친한 친구의 생일도 아니었으며, 돌잔치처럼 특별히 기념할 만한 날도 아니었기 때문에 그날 엄마가 저와 동생을 데려간 이유를 저는 이해할 수 없었습니다. 이상하게도 그날 저는 엄마에게서 평소와 다른 느낌을 받았습니다. 뭐라고 설명할 수는 없지만, 엄마는 그날에 뭔가 특별한 의미를 부여하고 있으셨던 것 같습니다. 그러나 저는 아무것도 묻지 않았습니다.

인사를 주고받고 그 집 안으로 들어서서 그날의 주인공을 본 순간 의아했던 모든 것이 풀리는 것 같았습니다. 엄마가 왜 달라 보였는지, 왜 그 생일이 특별했는지 저는 단번에 이해할 수 있었습니다. 아이의 미간은 제가 평소에 보던 사람들의 그것보다 눈에 띄게 넓었고, 눈엔 초점이 없었습니다. 그리고 입을 계속 헤벌리고 있었습니다. 입가엔 침이 흐르고 있었는데 어린아이들에게서 흔히 볼 수 있는 그것과는 달라 보였습니다. 아이는 처음 보는 사람이 들어왔는데도 인사조차 하지 않았을뿐더러 한눈에 보기에도 지적장애가 있는 것 같았습니다. 나이에 비해 어려 보이기도 했고, 순박한 느낌도 받았지만, 뭔가 이상하다는 느낌도 받지 않을 수 없었습니다. 아마도 저는 그 아이가 어딘가가 아프다고 여겼던 듯합니다. 처음 보는 광경 앞에서 저는 아무것도 설명할 수 없었고 왜 그런지 몰라도 놀랍다기보다는 마음이 아팠습니다.

집에 돌아와 엄마에게 제가 뭐라고 물었는지는 기억이 나지 않습니다. 엄마가 제게 어떤 설명을 해주셨는지도 기억이 나지 않습니다. 하지만 엄마의 입을 통해 들려오는 처음 듣는 단어 하나는 저를 묘한 감정에 빠뜨렸습니다. 그 단어는 바로 다운증후군Down syndrome이었습니다. 다운증후군이 있는 사람을 처음 본 그날은 어릴 적 동네 아는 형의 여섯 번째 손가락을 본 이후 제게 가장 강렬한 기억 중 하나로 자리 잡았습니다.

아마도 다운증후군을 처음 보게 된 사람은 저와 비슷한 반응을 보이지 않을까 싶습니다. 특히 저는 성인이 되고 나서 본 게 아니라 중학생 때 본 것이라 그 강렬함은 아무래도 클 수밖에 없었습니다. 그러나 오히려 그랬기 때문에 그들을 바라보는 저의 눈이 편향되지 않을 수 있었습니다. 어릴 적 다양한 경험은 불필요한 선입견이나 편견에서 우리를 자유롭게 합니다. 순수한 무방비 상태에서 경험하는 다양성은 선입견이 아닌 경이감을 줍니다.

생물학자가 되고 저는 이런 현상이 염색체 이상으로 생긴다는 사실을 알게 되었습니다. 덤으로 다운증후군 말고도 이런 염색체 이상으로 생기는 증후군이 더 많이 존재한다는 사실까지 알게 되었습니다. 세상엔 정말 다양한 사람들이 살고 있었습니다. 살면서 모든 다양성을 다 경험할 수 없기 때문에 이런 생물학적 지식은 단지 우리에게 정보만을 제공하는 게 아니라 우리를 치우치지 않도록 도와줍니다. 제대로 안다는 것은 사람을 차별하는 게 아니라 더 존중할 수 있게 도와줍니다.

발생의 핵심, 염색체

다운증후군과 같이 염색체 이상으로 생겨나는 여러 증후군을 살펴보기 전에 먼저 짚고 넘어가야 할 개념이 있습니다. 바로 염색체라는 단어입니다. 이 단어는 발생생물학 단어라기보다는 분자생물학 단어에 가깝지만, 결국 사람의 발생에 지대한 영향을 끼치는 원인이 되므로 살펴보는 게 좋겠습니다.

DNA는 이젠 상식이 될 정도로 모든 사람에게 친근한 단어가 되었습니다. DNA는 유전물질입니다. 부모에서 자식으로 유전이 일어나는 원인이 바로 DNA에 있습니다. 조금 더 엄밀하게 말하자면, DNA의 염기 서열이 유전정보를 담고 있는 것입니다. DNA는 A, T, G, C라는 네 종류의 뉴클레오타이드Nucleotide가 두 줄로 된 레고 블록처럼 연결된 구조입니다. 2차원적인 구조는 선형이지만, 3차원적인 구조는 이중나선 형태입니다. 네 개의 뉴클레오타이드가 어떤 순서로 연결되어 있는지에 따라 정보가 달라지는 것입니다. 서로 다른 유전자는 각각 고유한 염기 서열을 가지고 있는 것이지요.

염색체가 무엇인지 설명한다고 했다가 왜 제가 갑자기 DNA 이야기를 꺼냈을까요? 그것은 바로 DNA가 우리 몸 안에서 염색체 형태로 존재하기 때문입니다. 염색체의 기본 구성 성분은 DNA와 히스톤 단백질이랍니다. DNA는 DNA끼리만 따로 존재하지 않는 것이지요. 세포분열할 때마다 DNA가 복제되지만, 그것 역시 염색체 상태로 복제가 되는 것이랍니다. 자, 이제 염색체가 무엇인지 이해를 하셨으리라 믿습니다.

인간의 염색체는 스물세 쌍이고 총 개수는 마흔여섯 개입니다. 똑같은 염색체가 두 개씩 존재하고 있는 것입니다. 왜 그런지는 상식적으로 생각해도 쉽게 유추할 수 있습니다. 하나는 엄마에게서, 나머지 하나는 아빠에게서 물려받기 때문이지요. 수정란이 형성될 때 가장 중요한 사건이 바로 난자와 정자의 핵융합인데, 바로 이 과정에서 난자가 가진 스물세 개의 염색체와 정자가 가지고 온 스물세 개의 염색체가 만나 쌍을 이루게 되는 것이랍니다.

과학자들은 편의상 번호와 알파벳을 이용해 스물세 쌍의 염색체를 구분해 놓았습니다. 인간은 1번부터 22번까지 번호가 매겨진 염색체를 두 개씩 한 쌍, 총 마흔네 개의 상염색체를 가지고 있습니다. 그리고 여성의 경우는 XX, 남자의 경우는 XY를 가지는 총 두 개의 성염색체도 가지고 있습니다. 상염색체와 성염색체를 합하면 스물세 쌍, 마흔여섯 개의 염색체가 되는 것이지요.

그렇다면 우리 몸을 이루는 모든 세포가 마흔여섯 개의 염색체를 갖고 있을까요? 아닙니다. 절반, 즉 스물세 개의 염색체를 갖는 세포도 존재합니다. 즉, 1번부터 22번까지의 상염색체 하나씩과 X나 Y의 성염색체 하나씩만을 가지는 세포입니다. 바로 생식세포라고 불리는 난자와 정자가 이에 해당합니다. 수정란이 되면 난자와 정자의 염색체가 합해지므로 우리 몸은 미리 염색체 수를 절반으로 줄여놓은 것입니다.

만약 난자와 정자의 염색체 수가 절반이 아니라면 어떻게 될까요? 생각하면 조금 끔찍하기도 합니다. 수정란의 염색체 수는 총 아흔 두 개가 될 운명이었을 거니까요. 제멋대로이지만 이런 상상을 하게 되면, 대를 이을수록 염색체 수는 두 배씩 증가하는 결과를 초래할 것입니다. 그렇게 되면 인간은 멸종되었을지도 모릅니다. 일반적으로 염색체 수가 다르면 수정이 일어나도 배아로 발생하지 않는답니다. 일정한 염색체 수는 하나의 종을 정의할 때 사용되는 한 가지 잣대이기도 하답니다.

이제 염색체가 무엇인지, 염색체가 어떻게 존재하는지 알았으니 원래 우리의 질문으로 돌아갈 차례입니다. 다운증후군을 비롯하여 염색체 이상으로 생겨나는 여러 증후군의 발생학적 기원은 어떻게 될까요? 그전에 어떤 증후군들이 있는지 먼저 살펴보도록 하겠습니다.

염색체 수 이상으로 인한 일곱 가지 증후군

우리에게 잘 알려진 염색체 이상으로 인한 증후군은 총 일곱 종류입니다. 다운증후군 말고도 여섯 증후군이 더 있다는 것이지요. 다운증후군부터 하나씩 간략하게 소개합니다.

1. 다운증후군

염색체 이상으로 인한 증후군 중 일반인에게 가장 잘 알려진 경우입니다. 스물두 개의 상염색체 중 21번이 두 개가 아닌 세 개인 경우에 해당합니다. 다운증후군이 갖는 총 염색체 개수는 사람들 대부분과 달리 마흔여섯 개가 아니라 마흔일곱 개가 되는 것이지요. 이 증후군에 속한 사람은 인지 능력과 신체 및 행동 발달이 평균보다 저하된 양상을 보입니다. 물론 사람마다 정도가 다릅니다. 또 사람마다 추가적인 21번 염색체가 존재하는 방식이 똑같지 않습니다. 95퍼센트 이상의 다운증후군은 21번 상염색체가 독립적으로 세 개 존재하지만, 약 4퍼센트 정도의 다운증후군은 추가적인 21번 상염색체가 독립적으로 존재하지 않고 다른 번호의 상염색체, 예를 들어 14번 상염색체에 붙어서 존재한답니다. 그리고 나머지 약 1퍼센트 정도는 전체 세포가 아닌 일부의 세포에서만 추가적인 21번 상염색체가 존재한다고 합니다.

2. 에드워드증후군

다운증후군이 21번 상염색체가 세 개인 경우라면, 에드워드증후군Edwards syndrome은 18번 상염색체가 세 개인 경우입니다. 이 증후군에 속한 사람의 머리와 내부 장기는 정상적으로 발달하지 않습니다. 대부분은 심각한 심장 문제가 있고, 인지 능력에서도 장애를 겪습니다. 90퍼센트의 아이들은 태어나지 못한 채 죽거나 태어나서 며칠을 버티지 못하고 죽습니다. 나머지 10퍼센트 정도는 증상이 상대적으로 약해서 다섯 살 정도, 혹은 그 이상까지 살 수 있다고 합니다.

3. 파타우증후군

다운증후군은 21번, 에드워드증후군은 18번, 그리고 파타우증후군Patau syndrome은 13번 상염색체가 세 개인 경우입니다. 이 증후군에 해당하는 아이들 역시 에드워드증후군처럼 심각한 신체 발달을 경험합니다. 상당히 많은 경우 구개열 증상을 보이며, 머리 크기가 작습니다. 심각한 인지 장애도 겪습니다. 에드워드증후군과 비슷한 수명을 가진다고 합니다.

4. 클라인펠터증후군

이번에는 1번부터 22번까지 숫자로 매겨진 상염색체가 아닌 X나 Y로 구분되는 성염색체 수가 특별한 경우입니다. 클라인펠터증후군Klinfelter syndrome은 Y 염색체를 가진다는 이유로 남성으로 분류될 수 있지만, 평균적인 남성과는 달리 X 염색체를 추가로 하나 더 가지고 있습니다(XXY). 상염색체를 추가로 가진 증후군과 달리 이 증후군에 속한 사람은 심각한 생명의 위험에 처하지 않습니다. 미미한 증상이 있는 사람은 자신이 이 증후군에 속하는지 모른 채 살고 있을 수 있는 정도랍니다. 이 증후군은 태어나기 전에 발견되기도 하지만, 성인이 된 이후 불임 검사를 할 때에서야 알게 되기도 합니다. 이 증후군에 해당하는 사람은 불임 가능성이 큽니다.

5. 제이콥증후군

제이콥증후군Jacob syndrome은 X 염색체 한 개, Y 염색체 한 개를 갖는 평균적인 남성보다 추가로 Y 염색체를 하나 더 가지게 되는 경우입니다(XYY). 클라인펠터증후군과 마찬가지로 생명에 위협을 느끼는 증상은 없습니다. 오히려 평균적인 남성보다 키가 큰 특징을 보인다고 합니다. 그 외엔 별다른 증상은 없다고 합니다. 남성호르몬 양도 정상 범위에 있으며 불임률도 평균적인 남성과 비슷합니다. 이를테면 학습 장애 등 특별한 사건 때문에 검사를 하지 않으면 본인도 부모도 모른 채 살아갈 수 있다고 합니다.

6. 초여성증후군

초여성증후군Triple-X syndrome은 X 염색체를 추가로 하나 더 가진 여성을 가리킵니다. X 염색체가 세 개인 경우이지요(XXX). 클라인펠터증후군과 제이콥증후군의 경우처럼 증상은 미미하여 염색체 검사를 하지 않는 한 자신도 평생 모르고 넘어가는 경우가 많다고 합니다. 대부분 불임 문제도 없다고 알려져 있습니다. 물론 증상은 사람마다 다양하기 때문에 발육이나 정신적인 문제를 겪는 경우가 드물게 보고되고 있습니다. 이 증후군에 해당하는 여성들의 한 가지 공통점은 같은 나이의 여성의 키보다, 그리고 부모의 키를 근거로 예상하는 키보다 크다는 사실입니다.

7. 터너증후군

앞에 소개한 증후군들과 달리 이 터너증후군Turner syndrome은 염색체가 하나 더 많은 게 아니라 적은 경우입니다(Monosomy X).

두 개여야 할 X 염색체가 한 개밖에 없는 여성이 여기에 해당합니다. 총 염색체 수가 마흔여섯 개가 아니라 마흔다섯 개인 셈이지요. 이 증후군에 속한 여성 대부분은 같은 나이 여성과 달리 키가 작으며, 유방이 발달하지 않고, 월경을 겪지 않거나 이차성징을 거치지 않는다고 합니다. 성호르몬의 충분한 공급이 이루어지지 않기 때문입니다. 터너증후군이 겪는 빈번한 증상 중 하나로 심혈관계가 취약하다고 합니다.

염색체 수 이상의 발생학적 원인

지금까지 살펴본 증후군들은 모두 염색체 이상, 아니 조금 더 엄밀히 말하자면 염색체 수 이상이 원인이 되는 사례였습니다. 사람에게서 가장 많이 발견되는 마흔여섯 개의 염색체가 아니라 그보다 하나 더 많은 마흔일곱 개 혹은 그보다 하나 더 적은 마흔다섯 개인 경우를 여러 이름의 증후군으로 정의하고 있는 것이지요. 그렇다면 왜 이런 현상이 생기는지 슬슬 궁금해집니다. 어떻게 누구는 염색체를 하나 더 가지고, 누구는 하나 덜 가지게 되는 것일까요?

1. 생식세포분열

염색체 수 이상의 원인을 알기 위해서 한 가지 간단히 짚고 넘어가야 할 정보가 있습니다. 생식세포분열에 관한 것인데요. 우리가 상식적으로 아는 세포분열은 2의 제곱으로 수가 늘어나는 것입니다. 한 개가 두 개가 되고, 두 개가 네 개가 되고, 네 개가 여덟 개가 되는 것이지요. 이 현상은 체세포분열에 해당하는 것이랍니다. 난자와 정자, 즉 생식세포를 제외한 모든 세포를 체세포라고 명명하기 때문에 우리의 세포분열에 관한 상식은 틀리지 않습니다. 그러나 생식세포분열까지 정확하게 알고 있다면 보다 완전한 상식을 갖게 되실 수 있을 것입니다.

생식세포분열은 체세포분열과 달리 한 번 더 분열한다는 것이 특별한 점입니다. 두 개의 체세포가 분열하면 네 개가 되지만, 두 개의 생식세포가 분열하면 네 개가 아니라 여덟 개가 됩니다. 두 번 연이어 분열하기 때문입니다. 세포분열의 주요한 특징은 수를 늘리는 것과 유전물질을 복제하여 그대로 가지도록 하는 것입니다. 앞에서도 언급했듯이 세포분열을 위해서는 DNA를 먼저 복제하는 과정이 수반되어야 합니다. 그렇지 않으면 DNA가 절반씩 줄어들게 될 테니까요. DNA는 염색체 형태로 존재하므로 세포분열 전에는 염색체 수를 두 배로 늘리는 작업이 선행되어야 하는 것이지요. 즉 마흔여섯 개의 염색체가 아흔 두 개로 늘었다가 세포분열을 함으로써 각 세포는 다시 마흔여섯 개의 염색체를 갖게 되는 것입니다.

그런데 생식세포분열은 여기에서 추가로 한 번 더 세포분열을 하게 됩니다. 그러나 이때 특이한 점은 염색체 복제 과정이 생략된다는 것입니다. 그러므로 염색체 수는 절반이 되어버리지요. 그 최종 산물이 여성은 난자, 남성은 정자입니다. 각각 스물세 개의 염색체를 갖게 되는 것입니다. 그래야 수정란이 형성되고 핵융합이 될 때 다시 온전한 마흔여섯 개가 되는 것이지요. 이런 식으로 염색체 수를 조절하면서 사람은 종을 유지하고 있는 것입니다. 생명의 신비입니다.

2.생식세포분열의 오류

생식세포분열로 난자와 정자가 각각 스물세 개의 염색체를 갖게 되는데, 가끔 오류가 일어나기도 합니다. 난자와 정자의 염색체 수가 스물네 개가 되기도 하고 스물두 개가 되기도 하는 것이지요. 이런 현상은 상염색체에서도 성염색체에서도 일어납니다. 난자와 정자가 가진 스물세 개의 염색체는 스물두 개의 상염색체와 한 개의 성염색체로 이루어져 있는데, 생식세포의 두 번째 분열 과정에서 염색체를 똑같이 나눠 가지지 않고 한 염색체만 실수로 한쪽이 다 가져가게 되면 이런 현상이 벌어지게 되는 것입니다. 한 쌍을 다 가져간 난자나 정자는 총 염색체 수가 스물네 개가 되고, 그 반대편의 난자와 정자의 총 염색체 수는 스물두 개가 되는 것이지요.

이런 난자와 정자가 수정란을 이루게 될 때가 바로 여러 증후군이 생겨나는 순간이 됩니다. 스물세 개 염색체를 가진 난자나 정자가 스물네 개 염색체를 가진 정자나 난자를 만나고 수정란을 형성하게 되면 마흔일곱 개 염색체를 가지게 되고, 스물세 개 염색체를 가진 난자나 정자가 스물두 개 염색체를 가진 정자나 난자를 만나고 수정란을 형성하게 되면 마흔다섯 개 염색체를 가지게 되는 것이지요. 전자의 경우가 앞에서 배운 증후군 중 터너증후군을 제외한 나머지에 해당할 테고, 후자의 경우는 터너증후군을 설명해 주는 원인이 된답니다. 구체적인 예를 들어볼까요? 다운증후군이 생겨나는 원인이 되는, 가장 확률이 높은 두 가지 경우의 수를 살펴보겠습니다.

첫 번째, 마침 배란된 난자가 염색체를 스물세 개가 아닌 스물네 개를 가지고 있는 경우입니다. 이 난자는 21번 상염색체를 추가로 하나 더 가지고 있습니다. 이 난자와 수정란을 이루는 정자가 가장 흔하게 발견되는, 스물세 개의 염색체를 가지고 있으면 다운증후군이 생기게 된답니다.

두 번째, 난자는 스물세 개의 염색체를 가지고 있는 반면, 마침 이 난자와 수정란을 이룰 정자가 스물세 개의 염색체가 아닌 스물네 개의 염색체를 가지는 경우입니다. 물론 21번 상염색체를 추가로 가지는 정자이지요. 이 경우에도 다운증후군이 생기게 된답니다.

발생학적으로 보면 이러한 염색체 수 이상으로 생겨나는 증후군들은 수정란의 형성 전부터, 즉 어떤 난자와 어떤 정자가 만나는지에 따라 결정되는 것입니다. 발생이란 수정란이 형성되면서부터가 시작이므로 엄밀하게 말하자면 이런 증후군들은 발생이 시작되기 전부터 결정된다고 해석해도 될 것입니다.

선천적 증후군은 유전인가

다시 제 어릴 적 기억으로 돌아가 봅니다. 이번에는 다운증후군으로 태어난 아이가 아닌, 그 아이의 어머니와 뒤늦게 합류하신 그 아이의 아버지에게 저의 시선이 멈춥니다. 두 분 다 다운증후군이 아닙니다. 또 밖에서 뛰어놀다가 아버지와 함께 들어온 첫째 아이 역시 다운증후군이 아니라는 사실을 알게 됩니다. 그리고 그 당시의 제 눈에는 보이지 않았던 것이 지금의 제 눈에는 보인다는 사실을 알고 그 의미를 곱씹게 됩니다. '선천적 증후군'과 '유전' 사이의 관계에 대해서 우리에게 얼마나 많은 오해와 편견이 팽배해 있는지 보게 됩니다.

선천적 질환은 모두 유전병일까요? 아닙니다. 어떤 선천적 질환은 유전병에 속하지만 모든 선천적 질환이 그런 것은 아닙니다. 특히 이번 장에서 우리가 살펴보고 있는 염색체 이상으로 생기는 선천적 증후군의 경우는 대부분 유전이 아닙니다. '선천적'이라는 말은 '태어날 때부터'라는 뜻입니다. 태어나서 어떤 환경 때문에 질환이 발생하는 경우를 후천적이라고 하지요. 다시 말해 선천적으로 질환이 있다는 말은 태어날 때부터, 즉 엄마 배 속에서부터 질환이 있다는 말일뿐, 유전이라는 말은 아닙니다.

그렇다면 '유전병'은 무엇일까요? 한마디로 '유전되는 병'인데요. 유전이라는 말은 부모에게 물려받았다는 뜻으로써, 분자생물학적으로 말하자면 DNA에 존재하는 어떤 돌연변이 유전자가 그대로 자녀에게 전해지는 현상을 말합니다. 이런 점에서 다운증후군처럼 염색체 이상으로 생기는 증후군은 어떤 특정한 유전자의 돌연변이 때문에 생기는 게 아니므로 유전병으로 분류하지 않게 되는 것이지요. 앞에서 살펴본 것처럼 거의 모두 생식세포분열 시 염색체가 제대로 분리되지 않아 발생하기 때문에 부모의 DNA와 아무 상관 없이 누구에게나 일어날 수 있는 증후군이랍니다.

저는 이 점이 우리가 다운증후군 등의 염색체 이상으로 생겨난 선천적 증후군에 속한 사람들을 대하는 기본적인 태도여야 한다고 생각합니다. 누구에게나 일어날 수 있는 일이었다는 점. 그러므로 이런 증후군의 아이를 갖게 된 부모님들도 괜한 죄책감 같은 부정적인 생각에 사로잡히실 필요가 전혀 없는 것입니다. 부모의 잘못이 아닙니다. 유전이 아닙니다. 선천적 질환의 원인을 섣불리 부모에게서 찾으면 안 되는 것입니다. 이렇게 태어난 아이들 역시 생존자에 속합니다. 여태껏 선천적 질환과 유전병을 동의어처럼 여겼던 분들은 이제 그 해묵은 오해와 편견에서 벗어나시기를 기원합니다.

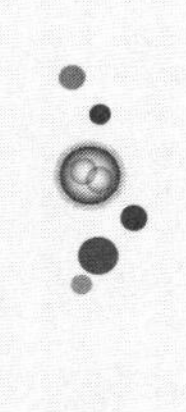

조로증, 유색연장복합증후군

시간을 거스르는 사람들

두근두근 내 인생

'가장 어린 부모와 가장 늙은 자식의 청춘과 사랑에 대한 눈부신 이야기' '17세에 아이를 가진 어린 부모, 그리고 어느덧 훌쩍 자라 16세가 되었지만 이미 80세 노인의 모습을 하고 있는 아들.' 이제는 한국의 대표적인 작가로 거듭난 김애란 작가의 첫 장편소설 《두근두근 내 인생》에 대한 짧은 소개입니다. 2011년에 출간된 이 작품은 2014년 영화로도 제작됩니다. 어린 부모 역을 송혜교와 강동원이 맡았다고 하지요. 영화 제목도 원작 소설의 제목을 그대로 따랐다고 합니다.

소설과 영화의 짧은 소개만 봐도 흥미를 느끼지 않을 수가 없습니다. 물론 허구적 상상이 기반이 된 소설이 원작이기 때문에 영화의 개연성 문제에서 청중의 공감도를 얼마나 이끌어냈는지는 모르겠습니다. 원작 소설 역시 문단 평론가들 다수에게 박한 평가를 들었다고 합니다.

그럼에도 제가 보기엔 의미 있는 작품으로 남게 되었습니다. 가장 큰 이유는 희소병인 조로증을 전면에서 다루고 있기 때문입니다. 조로증을 앓고 있는 아이들과 그 부모와 가족의 애환을 얼마나 깊게 다루었는지가 흥행의 관건이긴 하겠지만, 그러한 문학적 감수성 차원을 넘어 생물학자인 저의 눈에는 이 작품이 소중하게 다가옵니다. 적어도 조로증이라는 선천성 질환을 사회에 알릴 수 있는 계기가 되었기 때문입니다. 많은 사람은 경이로움을 느끼면서 이 질환이 상상 속의 산물이 아니라 우리 현실에 엄연히 존재하는 실재라는 사실을 알게 되었을 테니까요.

그렇다면 이 희소병인 조로증은 과연 어떤 질환일까요? 그 원인과 배경을 살펴보면서 생물학적으로는 노화의 숨겨진 비밀을 조금이나마 더 알 수 있는 계기가 되고, 사회적으로는 전 세계에 흩어져 있는 약 350명에서 400명 정도밖에 없는 극소수의 조로증 환자들을 이해하는 기회가 되면 좋겠습니다.

허친슨-길포드조로증증후군

1886년과 1897년에 허친슨J. Hutchinson과 길포드H. Gilford가 각각 의학 문헌에 최초로 묘사한 이후 이름이 붙여진 이 허친슨-길포드조로증증후군Hutchinson-Gilford Progeria Syndrome은 성이나 혈통 등에 상관없이 모든 사람에게 동일한 확률로 발병한다고 보고되어 있습니다. 발병된 어린이들은 평균 수명 13세, 보통 8세에서 21세 사이에 사망하게 됩니다. 사인은 주로 혈관에 문제가 생기는 것입니다. 보통 80세 언저리의 노인들에게 나타나는 노화 현상 중에서도 혈관 문제가 조로증 환자에게 가장 치명적으로 작동하게 되는 것이지요. 심각한 동맥경화의 합병증으로 인한 심장 질환(심근경색 또는 심부전)이나 뇌혈관 질환(뇌졸중)이 구체적인 사인이 되겠습니다.

이 선천성 질환에 걸린 아이의 부모가 겪는 가장 큰 슬픔은 아이가 시한부 인생을 산다는 사실에 그치지 않을지도 모릅니다. 어쩌면 그보다 더한 충격은 조로증의 발현이 태어나자마자, 특별히 DNA 검사를 하지 않는 한, 육안으로 확인이 안 된다는 점, 그래서 약 9개월에서 24개월이 지나 심각한 성장 지연을 보이는 것을 발견하고 뒤늦게 병원에 가서 검사한 후에야 비로소 조로증이라는 사실을 알게 된다는 점이 아닐까 조심스럽게 추측해 봅니다. 똑같은 임신 기간과 똑같은 출산 경험을 거치며 아이의 첫돌을 향해 가는 도중 일상에서 덜컥 급브레이크가 걸리고, 그것이 아이의 시한부 인생 선고가 되어버리는 상황은 감히 그 누구도 쉽게 빠져나오지 못할 충격과 슬픔의 수렁일 것이기 때문입니다.

저 역시도 비슷한 상황을 겪은 적이 있어서 뒤늦게 치명적인 질환이 발현된 아이를 둔 부모의 마음을 조금은 이해할 수 있습니다. 제 아들도 생후 5개월이 지날 무렵, 어느 날 새벽, 갑자기 입이 옆으로 돌아가며 마비 증상이 일어났습니다. 즉시 제 아내와 저는 아들을 들고 병원으로 달렸습니다. 뇌파 검사는 물론 CT, MRI 등을 모두 거치며 아들은 결국 뇌전증 진단을 받게 되었답니다. 난데없이 벼락을 맞은 기분이었습니다.

실제로 우리는 그 후 아들에게 카바마제핀이라는 뇌전증약을 수개월 간 먹이기도 했답니다. 쉴 새 없이 움직여야 할 아이가 약 때문에 행동이 둔해져서 마치 노인이 된 듯 우리 옆에 앉아서 제 아내와 저를 물끄러미 바라보고 있던, 돌이 채 안 된 아들의 모습이 지금도 떠오릅니다. 억장이 무너지던 그 나날들이 되살아나는 것 같습니다.

다행히 제 아들은 알 수 없는 이유로 기적처럼 반년 만에 말끔히 정상으로 돌아왔습니다. 그날 새벽을 생각하면, 그리고 의사의 공식적인 진단명을 듣던 날을 떠올리면 지금도 제 심장은 멈출 것만 같은 심정입니다. 차라리 제가 병에 걸렸더라면 좋았겠다고 얼마나 많이 생각했는지 모릅니다. 아, 15년이 지났는데도 여전히 심장이 쿵쾅대는군요.

구체적인 증상

조로증이 있는 아이는 머리에 비해 얼굴이 불균형하게 작고, 얼굴뼈와 아래턱뼈가 제대로 자라지 않아 작은턱증Micrognathia을 보이며, 작은 턱 때문에 치아가 제 자리에 나지 못해 비뚤게 자라서 치아의 기형과 밀집을 보입니다. 그 결과 젖니와 영구치가 늦게 나고, 치아의 크기도 작고 소실되는 경우도 있으며, 충치 발생률도 높습니다.

두개골의 앞과 옆은 상대적으로 많이 튀어나옵니다. 두피에 정맥이 두드러지게 나타날 수 있습니다. 눈이 비정상적으로 돌출되어 있고, 코는 작고 가늘고 뾰족하며, 귀에는 귓불이 없습니다. 머리카락 수는 적은데 가늘고 부드러우며 하얗거나 금빛으로 변하게 되는데 두 살부터 탈모를 겪게 됩니다. 유년기 초반에 눈썹과 속눈썹이 빠지게 됩니다.

점진적으로 피하지방층의 손실을 겪게 되어 피부가 얇고 건조해지며, 주름이 생기고 광택이 나게 됩니다. 허벅지에 정맥이 두드러지게 나타나게 됩니다. 나이가 들어가면서 햇빛에 노출된 피부에 갈색 반점이 생기게 됩니다. 손발톱의 결함이 생겨 노란색을 띠게 될뿐더러 가늘고 부서지기 쉽고 휘거나 소실될 수도 있습니다.

앞숫구멍의 접합이 지연됩니다. 두개골이 돔처럼 둥근 지붕 모양을 이루게 됩니다. 짧고 얇은 어깨뼈와 갈비뼈를 가지고, 팔다리의 긴뼈들도 비정상적으로 얇아서 쉽게 골절됩니다. 고관절 탈골도 공통적인 증상입니다. 또 관절 주위에 비정상적인 섬유성 조직이 점진적으로 형성되어 진행성관절경직을 겪게 됩니다. 무릎이 강직되어 점점 엉덩이의 변형을 겪게 되며 마치 넓게 말 타는 자세와 같은 모습으로 걷게 됩니다. 골밀도가 저하되어 골절이 쉽게 생길 수 있습니다. 24개월이 되면 성장 지연이 뚜렷해지고, 작은 키와 적은 몸무게를 갖게 됩니다. 조로증 10세 환아의 평균 키는 조로증을 앓지 않은 3세 아이의 평균 키와 비슷하다고 합니다.

조로증 환자 대부분 사망 원인이 혈관 질환입니다. 그러나 살아 있는 동안에도 심장 비대, 동맥경화증 등의 증상을 겪게 됩니다. 5세 환아도 동맥벽이 이미 두꺼워지고 탄력을 잃게 된다고 합니다. 점진적으로 온몸 구석구석 혈액 공급이 윤활하게 일어나지 않게 됩니다. 목소리도 독특한데 주로 높은 음색을 보입니다. 젖가슴 혹은 젖꼭지가 없으며, 성적인 성숙화 과정을 거치지 않습니다. 청력을 잃기도 합니다.

원인

조로증은 유전자 LMNALamin A의 돌연변이 때문에 생깁니다. Lamin A 단백질에 결함이 생기면 핵이 불안정하게 되고 노화 현상이 빨리 일어납니다. 조로증은 LMNA 유전자 이상으로 나타나는 상염색체 우성 유전 질환이지만, 환자들 거의 대부분이 자손을 낳을 때까지 생존하지 못하기 때문에, 이 질환은 정자와 난자가 수정되기 바로 전에 새로운 돌연변이가 생겨서 나타난다고 여겨집니다. 그러므로 가족 중 이 질환이 있는 아이가 있더라도 그들 부모가 이 질환이 있는 다른 아이를 낳을 확률은 다른 정상 성인과 같다고 합니다. 그리고 아직은 정확하게 모르지만 LMNA 유전자의 돌연변이는 우연히 산발적으로 일어나는 것으로 추정됩니다. 누구에게나 일어날 수 있다는 말입니다. 아주 희소하지만 말이지요.

유생연장복합증후군

일반인들보다 노화의 속도가 현저하게 빨라 이른 나이에 사망에 이르는 증후군이 조로증이라면, 혹시 그 반대의 경우도 존재하지 않을까요? 놀랍게도, 실제로 존재합니다. 하지만 표현을 조금 다르게 해야 합니다. 노화가 빨리 진행되는 현상의 반대는 노화가 느리게 진행되는 현상이라기보다는 성장 혹은 발달이 느리게 진행되는 현상이라고 해야 좀 더 적합합니다. 유아기를 지나 어린이, 청소년, 그리고 이른 청년의 시기로 넘어가는 과정을 노화라고 부르진 않기 때문입니다. 즉, 빨리 나이 드는 병이 아니라, 자라지 않는 병이라고 해야 하는 것이지요.

이 증후군은 조로증의 경우보다 더 희소하다고 보고되어 있습니다. 연구도 거의 되어 있지 않습니다. '유생연장복합증후군 Neotenic Complex Syndrome'이라는 이름 역시 2017년 9월에 〈의학유전학Genetics in Medicine〉이라는 과학저널에 실린 '유생연장에 관련된 희귀 증후군의 임상적 및 유전적 분석Clinical and genetic analysis of a rare syndrome associated with neoteny'라는 제목의 논문에서 처음 붙여졌답니다.[11] 조로증의 경우, 원인 유전자가 밝혀져 있지만, 이 증후군의 원인은 아직 밝혀지지 않았습니다. 동물모델도 존재하지 않아 연구 자체가 어려운 게 현실입니다.

저는 여기서 'Neoteny'라는 영어 단어를 '유생연장'이라고 번역했습니다만, 유생성숙, 유형성숙, 또는 유태성숙이라고 번역할 수도 있겠습니다. 모두 낯선 용어들이라 설명이 좀 필요할 것 같은데요. 성체에서 여전히 미성년의 모습들이 간직되는 현상을 의미한답니다. 유생이 연장되는 현상이지요.

구체적인 증상

'유생연장'이라는 이름이 의미하는 것처럼 이 증후군이 있는 사람은 성인인데도 아이의 모습을 간직하고 있습니다. 여기서 성인과 아이의 구분은 우리가 상식적으로 아는 만 18세를 기준으로 하지는 않습니다. 그것보다는 이 증후군이 없는 같은 나이의 사람들과 비교해서 현저하게 어린 외모 양상을 나타내는 질환이라고 이해하면 되겠습니다. 이런 특징은 조로증의 경우와 마찬가지로 태어날 때 명징하진 않다고 합니다. 빠르면 3세 정도가 되어야 육안으로 확인할 수 있습니다. 나이가 들수록 점점 더 확연해지고요.

그렇다면 유생연장복합증후군이라는 용어를 처음으로 만든 논문에서 정의하는 이 증후군의 필수 기준 두 가지를 살펴보겠습니다. 구체적인 증상 중에서도 이 증후군에 속한 사람들의 공통적인 부분입니다.

첫 번째, 신체적·기능적 발달이 지연되어 실제 연령보다 훨씬 더 어려 보여야 합니다. 연령 및 성별 평균보다 3 표준 편차 이상 높은 성장 속도 지연을 보여야 한답니다. 청소년의 나이가 되었음에도 유아의 얼굴을 간직한 경우가 대부분이라고 합니다. 단순히 '동안'이라는 표현으로는 부족한, 생물학적으로 믿기지 않을 정도의 모습을 하고 있습니다.

두 번째, 성장 실패, 그리고 그 결핍을 극복하기 위해 처방한 호르몬(인간성장호르몬 hGH 혹은 갑상샘호르몬)이나 고칼로리 식단 치료가 실패해야 합니다. 즉, 호르몬 분비의 문제로 인한 질환이 아니어야 한다는 말입니다. 이 두 가지 이외에도 다음과 같은 증상이 있는데 대부분이 정도를 달리하여 모든 환자에게 나타난다고 합니다.

세 번째, 입으로 삼키는 행위를 어려워하고, 위의 역류가 있으며, 복무팽만감과 만성 변비를 보입니다. 이를 극복하기 위해서 콧구멍에서 위로 관을 연결하는 방법, 혹은 배에 구멍을 뚫어 직접 관을 통해 위로 음식을 공급하는 방법으로 영양 공급을 할 정도로 위와 장 발달에서 장애를 동반합니다.

네 번째, 인지 발달 장애를 보이고, 언어 또는 말하기의 결핍, 그리고 시각 또는 청각 결함을 보입니다.

다섯 번째, 신경학적으로 결손을 보이고, 발작은 물론 저긴장증 또는 과다긴장증을 보입니다.

여섯 번째, 좌우의 대뇌반구 사이를 연결하고 있는 신경섬유의 큰 집단인 뇌량이 형성되지 않은 증상을 포함한 뇌의 구조적 이상을 보입니다.

일곱 번째, 기형적인 특징을 보입니다.

여덟 번째, 우심방과 좌심방 사이에 존재하는 벽에 구멍이 뚫려 있습니다.

아홉 번째, 굽은 다리와 고관절 탈구 증상을 보입니다.

열 번째, 후두와 기관에 존재하는 연골이 부분적으로 안으로 붕괴해 기도 폐쇄를 일으키는 증상인 후두기관연화증 및 반응성 기도 질환을 보입니다.

자, 어떠십니까? 이 증후군의 증상들을 구체적으로 살펴보니 단순히 미성년의 모습이 간직되는 게 아니라 발달장애라고 불러야 더 적합할 증상들이 많다는 사실을 알게 되셨으리라 생각합니다. 제가 앞서 말씀드렸던, 늙지 않는 게 아니라 자라지 않는 병이라는 말이 이제 무슨 뜻인지 더 와닿으셨을 것 같군요.

피터팬 혹은 불로장생의 환상

아마도 늙지 않길 원하는 인간의 마음은 피터팬 같은 존재를 원하는 것일지도 모르겠습니다. 앞에서 소개한 유생연장복합증후군이 아니라 어느 정도 발달과 성장을 마치고 적당한 나이가 되어 더는 신체적 노화가 진행되지 않는 상황 말입니다. 한 걸음 더 나아가 멈추고 싶은 나이를 고를 수만 있다면 금상첨화일 것 같네요. 하지만 모두가 상상 속에서나 가능한 일들입니다. 피터팬은 소설 속 주인공일 뿐입니다. 참고로, 피터팬증후군도 있습니다. 그러나 이 증후군은 신체가 아닌 정신 상태가 유아기에 머물러 있는 경우에 해당한답니다.

늙지 않길 바라는 마음과 비슷한 마음은 아마도 죽지 않길 바라는 마음이겠지요. 진시황의 헛된 바람과 노력이 불러온 참사를 우리는 기억해야 할 것입니다. 진시황은 수은이 불로초인 줄 알고 수은 중독으로 죽었다고 합니다. 무식이 일궈낸 비극이랄까요. 과욕이 불러온 재앙이랄까요. 21세기 현재, 태어난 모든 생명은 발달하고 성장하고 노화를 겪다가 죽음에 이릅니다. 인간도 예외일 수 없습니다. 죽음은 인간이 숙명적으로 안고 가는 존재론적 불안의 근본 원인이기도 하답니다.

저는 지혜로움이란 어쩔 수 없는 한계를 받아들이는 자세에 있다고 생각합니다. 영원히 청춘일 수 있는 방법을 찾을 게 아니라 잘 나이 드는 방법을 강구하는 것. 그리고 안 죽으려고 발버둥 치는 게 아니라 잘 죽기 위해 미리 준비하는 것. 바로 이런 것들이 발생생물학을 통해 인간의 발생과 노화를 공부하는 우리에게 꼭 필요한 자세가 아닐까 합니다. 잘 나이 들고 아름답게 죽는 것은 평균 수명이 늘어난 이 시대에 인간이 누릴 수 있는 가장 큰 복일지도 모르겠네요.

수업을 마치며 | 오늘부터 내 몸이 선생님이 된다

우리 모두는 엄마 배 속의 일을 기억하지 못합니다. 그러므로 발생생물학은 우리가 기억하지도 못하는 태곳적 이야기를 들려주는 학문이기도 합니다. 우리는 모두 하나의 세포였습니다. 아직 밝혀지지 않은 여러 기전 때문에 그리고 생명을 위협하는 숱한 위기를 통과하며 마침내 사람의 모습을 띠게 되었고 세상의 빛을 본 생존자들입니다. 우리 가운데에는 기억조차 하지 못하는 엄마 배 속에서의 열 달 동안 아주 드문 확률로 생긴 몸의 이상 징후를 간직한 채 살아가고 있는 사람도 있습니다.

그러나 이 글을 읽는 우리 모두는 저마다의 다양한 모습으로 살아남았고 지금 같은 하늘 아래 함께 숨을 쉬며 현재를 향유하고 있습니다. 또한 우리들 중 일부는 현재 한창 성장하는 나이에 속해 있기도 하고, 적지 않은 사람들은 노화의 단계에 접어들어 마지막 발생의 여정 가운데 있을 것입니다. 어떤 모습으로 있든지, 혹은 어느 연령층에 있든지, 기억하지 못하는 먼 과거의 이야기들을 들으면서 저는 우리 모두가 비로소 서로를 조금 더 깊이 이해할 수 있는 단계로 나아가지 않았나 싶습니다. 알지 못하던 것들을 알게 된 사람의 눈은 다를 수밖에 없을 것이라 믿기 때문입니다.

이런 앎의 과정으로 서로를 더 잘 이해하고 배려할 수 있는 사람이 되면 좋겠습니다. 발생 과정 가운데 드물게 생겨났던 사건이 남긴 흔적들은 결코 서로를 무시하거나 비난할 이유가 되지 못하기 때문입니다. 누구의 잘못도 아니었고 누구를 탓한다고 해서 해결될 일도 아니지요. 그러고 보면 발생생물학은 참 고마운 학문입니다.

발생생물학을 통해 우리의 과거를 부분적으로나마 알게 되었습니다. 우리는 현재를 살아갑니다. 한 가지 바람이 있습니다. 지식 전달을 넘어서 우리 모두가 부디 생명의 다양성에 눈을 뜨고 그것들을 존중하는 마음을 가지게 되길 바랍니다. 여러 기형을 갖고 계신 분들, 다양한 증후군을 갖고 계신 분들, 자연스러운 노화의 징후들을 하나씩 체험해 가고 계신 분들, 암을 비롯하여 여러 질환으로 고생하고 계신 분들에게 특히 우리가 마음을 열고 한 걸음 다가가 다정한 시선으로 대할 수 있다면 더 바랄 나위가 없겠습니다.

우리의 도움이 필요한 것도 사실이지만, 그분들은 그것만이 아니라 그런 증상과 함께 남은 인생의 여정을 묵묵히 걸어 나가셔야 하기 때문입니다. 그분들에게 필요한 건 도움이라기보다는 동지이지 않을까 싶습니다. 그분들이 괜한 열등감이 아닌 당당한 모습으로 수평적인 관계를 유지하며 목소리를 낼 수 있는 사회를 꿈꿉니다. 그들은 우리의 미래일지도 모릅니다. 그리고 이렇게 우리가 책을 통해 지식을 쌓음으로써 할 수 있는 가장 아름다운 일이 어쩌면 타자를 사랑하는 일일지도 모르겠습니다. 남은 인생 부디 더 사랑하며 살아가면 좋겠습니다.

발생은 수정란에서부터 시작하여

출생 후 죽기 직전까지 계속된다.

추천의 말

"몇 살인데 그러고 다니니? 네가 속을 썩이니까 네 엄마 주름살이 늘지!"

환갑이 지난 아들에게 어머니가 하신 말씀이다. 이 나이에 엄마 속을 썩이는 것은 미안한 일이다. 그렇다고 해서 엄마 주름살마저 내 책임은 아니다. 그건 엄마가 나이 들었기 때문이다. 엄마도 나이 들고 나도 나이 든다. 자연스러운 일이다. 하지만 노화는 질병이고 고통이다. 품위 있게 나이 들고 싶다. 그래서 과학이 필요하다. 김영웅 박사는 우리가 세포처럼 성숙하게 나이 들 수 있는 기초 지식을 제공한다. 이미 나이 들어버린, 나이 들어가는, 그리고 앞으로 나이 들 모든 사람과 함께 읽고 싶은 책이다.

– 이정모(전 국립과천과학관장, 《찬란한 멸종》 저자)

참고자료

Lesson I. 생명 설계자, 세포의 성장과 노화

1 〈2022 생명표 작성 결과〉, 통계청, 2023.12.1., https://kostatgo.kr/board.es?mid=a10301010000&bid=208&list_no=428312&act=view&mainXml=Y

2 〈눈 건강관리를 위한 9대 생활 수칙〉, 질병관리청, 2013.7.17., https://www.kdca.go.kr/gallery.es?mid=a20503020000&bid=0003&b_list=9&act=view&list_no=137035&nPage=55&vlist_no_npage=98&keyField=&keyWord=&orderby=

3 〈코로나 이후 초등학생 건강 '적신호'…시력 저하·비만 심해져〉, 〈KBS뉴스〉, 2021.10.17., https://news.kbs.co.kr/news/pc/view/view.do?ncd=5302659

4 〈통계로 보는 질병정보〉, 건강보험심사평가원, 2023.11.27., https://www.hira.or.kr/ra/stcIlnsInfm/stcIlnsInfmView.do?pgmid=HIRAA030502000000&sortSno=1910

5 〈골다공증 예방과 관리를 위한 7대 생활수칙〉, 질병관리청, 2013.3.13.,https://www.kdca.go.kr/gallery.es?mid=a20503020000&bid=0003&act=view&list_no=136986

6 최현석, 《노화학 사전》, 서해문집, 2022, 243~244쪽.

Lesson II. 세포의 두 얼굴, 암부터 당뇨까지

1 〈사망원인별 사망률 추이〉, e-나라지표, 2024.10.8., https://www.index.go.kr/unity/potal/main/EachDtlPageDetail.do?idx_cd=1012

2 〈주요암 사망분율〉, 국가암정보센터, 2024.10.7., https://cancer.go.kr/lay1/S1T645C646/contents.do

3 〈99가지 치매 이야기〉, 대한치매학회, 2021.3.18., https://www.dementia.or.kr/general/bbs/index.php?code=story&category=&gubun=&page=6&number=1015&mode=view&keyfield=&key=

4 Severine Sabia et al., "Association of sleep duration in middle and old age with incidence of dementia", Nature Communications, 2021, 12(1):2289., https://www.nature.com/articles/s41467-021-22354-2

5 〈암발생률 추세 분석〉, 국가암정보센터, 2024.1.3., https://www.cancer.go.kr/lay1/S1T639C643/contents.do

6 앞의 자료.

7 Swati G Patel et al., "The rising tide of early-onset colorectal cancer: a comprehensive review of epidemiology, clinical features, biology, risk factors, prevention, and early detection ", The Lancet Gastroenterology & Hepatology, 2022, 7(3):262~274.

8 〈대장암〉, 국가암정보센터, 2017.4.24., https://www.cancer.go.kr/lay1/program/S1T211C214/cancer/view.do?cancer_seq=3797&menu_seq=3808

9 조남한, 〈우리나라 당뇨병의 유병률과 관리 상태〉, 《대한내과학회지》, 제68권 제1호, 2005.

10 Bae JH, Han KD, Ko SH, et al. "Diabetes fact sheet in Korea 2021", Diabetes & Metabolism Journal, 2022, 46:417~426.

11 〈당뇨병 심각성 잘 알지만, 혈당수치는 모른다?〉, 〈의협신문〉, 2023.11.8., https://www.doctorsnews.co.kr/news/articleView.html?idxno=151990

12 Hong YH et al., "Prevalence of Type 2 Diabetes Mellitus among Korean Children, Adolescents, and Adults Younger than 30 Years: Changes from 2002 to 2016", Diabetes Metabolism Journal, 2022, 46(2):297~306.

13 이윤경 외, 〈2020년도 노인실태조사 결과보고서〉, 보건복지부, 2021.7.16. https://www.mohw.go.kr/board.es?mid=a10411010100&bid=0019&act=view&list_no=366496

14 〈고혈압의 정의〉, 국가건강정보포털, 2023.3.7., https://health.kdca.go.kr/healthinfo/biz/health/gnrlzHealthInfo/gnrlzHealthInfo/gnrlzHealthInfoView.do?cntnts_sn=5300

15 〈고혈압 유병률 현황, 2021년〉, 〈PHWR〉, 2023, 16(18):560~561, 2023.5.11.

16 Yong-Hoon Yoon et al., "Association of Stage 1 Hypertension Defined by the ACC/AHA 2017 Guideline With Asymptomatic Coronary Atherosclerosis", American Journal Hypertension, 2021, 34(8):858~866.

17 〈사망원인별 사망률 추이〉, 통계청, 2024.10.8., https://www.index.go.kr/unity/potal/main/EachDtlPageDetail.do?idx_cd=1012

1 〈기형아〉, 서울대학교병원, http://www.snuh.org/health/nMedInfo/nView.do?category=DIS&medid=AA000584

2 〈다운증후군〉, 국가건강정보포털, 2024.7.24., https://health.kdca.go.kr/healthinfo/biz/health/gnrlzHealthInfo/gnrlzHealthInfo/gnrlzHealthInfoView.do?cntnts_sn=5464

3 Ying Litingtung et al., "Shh and Gli3 are dispensable for limb skeleton formation but regulate digit number and identity", Nature Library of medicine, 2002, 418(6901):979~983.

4 Sheth et al., "Hox Genes Regulate Digit Patterning by Controllingthe Wavelength of a Turing-Type Mechanism", Science, 2012, 14;338(6113):1476~1480.

5 Muragaki et al., "Altered growth and branching patterns in synpolydactyly caused by mutations in HOXD13", Science, 1996, 26;272(5261):548~551.

6 〈구개열〉, 국가건강정보포털, 2022.4.4., https://health.kdca.go.kr/healthinfo/biz/health/gnrlzHealthInfo/gnrlzHealthInfo/gnrlzHealthInfoView.do?cntnts_sn=5419

7 Nigel L Hammond et al., "Revisiting the embryogenesis of lip and palate development", Oral Dis, 2022, 28(5):1306~1326.

8 〈구개열〉, 국가건강정보포털, 2022.4.4., https://health.kdca.go.kr/healthinfo/biz/health/gnrlzHealthInfo/gnrlzHealthInfo/gnrlzHealthInfoView.do?cntnts_sn=5419

9 앞의 자료.

10 Amanda Yeaton-Massey et al., "Twin chorionicity and zygosity both vary with maternal age", Prenat Diagn, 2021, 41(9):1074~1079.

11 Richard F Walker et al., "Clinical and genetic analysis of a rare syndrome associated with neoteny ", Genetics in Medicine, 2018, 20(5):495~502.

그림 출처

74쪽 ©〈Bone Development and Growth〉, Rosy Setiawati·Paulus Rahardjo, 2018.11., https://www.researchgate.net/figure/The-stage-of-endochondral-ossification-The-following-stages-are-a-Mesenchymal-cells_fig4_330944846

86쪽 ©〈End of week 4(Conceptional age), embryo undercutting complete. Visible mesoderm, somites with dermatome, sclerotome and myotome, peritoneal cavity〉, Homme en Noir, 2017.11.8., https://commons.wikimedia.org/wiki/File:End_of_week_4_Embryo_with_somites.jpg?uselang=ko

106쪽 ©〈Diagram showing the brain stem which includes the medulla oblongata, the pons and the midbrain (2).〉, Cancer Research UK, 2014.7.30., https://commons.wikimedia.org/wiki/File:Diagram_showing_the_brain_stem_which_includes_the_medulla_oblongata,_the_pons_and_the_midbrain_%282%29_CRUK_294.svg

120쪽 ©University of Michigan Medical School, https://www.med.umich.edu/lrc/coursepages/m1/embryology/embryo/10digestivesystem.htm

132쪽 ©〈schematic illustrating the development of the pancreas from a dorsal and a ventral bud〉, Jakob Suckale·Michele Solimena, 2007, https://commons.wikimedia.org/wiki/File:Suckale08FBS_fig1_pancreas_development.jpeg

165쪽 ©〈Embryonic Development of Heart〉, OpenStax College, http://cnx.org/content/col11496/1.6/; https://commons.wikimedia.org/wiki/File:2037_Embryonic_Development_of_Heart.jpg